骨外科副主任/主任医师职称考试冲刺押题试卷

主　编　李　超　张思佳　刘丽敏

副主编　文　刚　林　源　蔡春鹏

张世明

编　者　夏玉城　郑乐宇　于泰隆

卞　伟　雷永生　杨　森

辽宁科学技术出版社
LIAONING SCIENCE AND TECHNOLOGY PUBLISHING HOUSE

内容简介

《骨外科副主任/主任医师职称考试冲刺押题试卷》为全国高级卫生专业技术资格考试辅导丛书之一。本书针对骨外科高级职称考试历年考点，共设计了十二套模拟试卷，并对大部分试题进行了精炼的阐释与解析，条理性强，重点突出，以便考生对自己掌握的知识体系进行系统、科学的评估，有助于拾遗补缺和自我检测。

本书为参加骨外科副主任/主任医师职称考试的必备参考用书。

图书在版编目（CIP）数据

骨外科副主任/主任医师职称考试冲刺押题试卷/李超，张思佳，刘丽敏主编．—沈阳：辽宁科学技术出版社，2018.8

ISBN 978－7－5591－0854－8

Ⅰ.①骨…　Ⅱ.①李…　②张…　③刘…　Ⅲ.①骨疾病—外科学—资格考试—习题集　Ⅳ.①R681－44

中国版本图书馆 CIP 数据核字（2018）第 162477 号

出版发行：辽宁科学技术出版社
北京拂石医典图书有限公司
地址：北京海淀区车公庄西路华通大厦 B 座 15 层
联系电话：010-57262361/024-23284376
传　　真：010-88019377
E - mail：fushichuanmei@ mail. lnpgc. com. cn
印 刷 者：三河市双峰印刷装订有限公司
经 销 者：各地新华书店

幅面尺寸：185mm × 260mm
字　　数：290 千字　　印　　张：12.25
出版时间：2019 年 9 月第 1 版　　印刷时间：2023 年 1 月第 2 次印刷

责任编辑：李俊卿　方菊花　　责任校对：梁晓洁
封面设计：潇　潇　　封面制作：潇　潇
版式设计：天地鹏博　　责任印制：丁　艾

如有质量问题，请速与印务部联系　联系电话：010-57262361

定　　价：55.00 元

骨科副主任/主任医师
职称考试应试必读

目前，高级专业技术资格采取考试和评审结合的办法取得。高级卫生专业技术资格考试实行各省区独立组织、独立命题、自主确定合格标准的考试制度，已经覆盖临床医学、药学、护理、医技等各科室的100多个专业。

一、卫生高级职称考试报名条件

（一）主任医（药、护、技）师

1. 医学中专毕业，在县及以下基层医疗机构工作，受聘副高职务满七年。
2. 医学大学专科毕业，受聘副高职务满七年。
3. 医学大学本科毕业及以上学历，受聘副高职务满五年。

（二）副主任医（药、护、技）师

1. 医学大学专科毕业，在县及以下基层医疗机构工作，从事主治（管）医（药、护、技）师工作不少于七年。
2. 医学大学本科毕业，从事主治（管）医（药、护、技）师工作不少于五年。
3. 取得临床医学硕士学位，从事主治（管）医（药、护、技）师工作不少于四年。
4. 取得临床医学博士学位，从事主治（管）医（药、护、技）师工作不少于二年。
5. 临床医学博士后人员在完成博士后研究工作、出博士后流动站前。

（三）破格条件

符合下列有关条件，申报副主任医（药、护、技）师、主任医（药、护、技）师任职资格不受上述学历和任职年限的限制：

1. 获自然科学奖、国家发明奖、国家科技进步奖的主要完成人。
2. 获省部级科技进步奖二等及以上奖的主要完成人。

二、高级卫生专业技术资格考试简介

1. 高级卫生专业技术资格考试报名时间

高级卫生专业技术资格考试报名时间由各地卫生部门安排，全国不统一时间。

2. 考试内容

主要考核考生应知应会的本专业及相关知识（专业知识与相关专业知识）、国内外发展现状和趋势（学科新进展），以及常见病、复杂疑难病例分析（本专业病种及专业实践能力）等。不指定考试复习用书。

3. 高级卫生专业技术资格考试专业设置

专业知识和专业实践能力考试共设置100多个专业。报考人员报考专业和级别必须与申报评审专业和级别相一致；报考有执业资格要求的，所报考的专业须与本人执业类别、执业范围相一致；报考护理专业，要有护士执业证书。凡报考专业与申报评审专业不符或与执业类别、执业范围不一致的考试成绩，不作为申报评审的依据。

申报评审中医各专业的人员除按《考试专业目录》现有的对应专业或相近专业报考外，其他无对应或相近专业的一律报考“中医内科”专业；申报评审中西医结合各专业的人员除按《考试专业目录》现有的对应专业或相近专业报考外，其他无对应或相近专业的按照西医所设置的对应专业报考。

4. 高级卫生专业技术资格考试形式和题型

全部采用人机对话形式，考试时间为 2 小时（卫生管理单独加试 1 小时）。

（1）副高：单选题（含共用题干单选题）、多选题和案例分析题三种题型。

（2）正高：只包括多选题和案例分析题两种题型。

5. 人机对话考试的特点

与纸笔考试不同的是，在人机对话考试中的某些特定情形下，考生作答操作是“不可逆”的。在进行“单选题”的测试过程中，考生是可以随时查看、修改此题型内任何一题的选择答案的，而一旦确认完成作答、进入新的题型时，考生将不能退回到前一测试题型（“单选题”）进行查看和修改答案。对每道案例分析题，只有完成前一个问题才能看到下一个问题，并且在确定进入下一个问题后是无法对前面问题的作答进行查看和修改的（如当确认完成“第 1 问”，进入“第 2 问”后，考生无法查看或修改其“第 1 问”的选择）。

人机对话考试主要测试考生在临床环境中对知识的应用能力，而不是对书本的死记硬背。试题题干内容多数以病例描述为主，考生通过阅读病例，在病例中提取重要信息，然后进行分析诊断作答。因为题目比较灵活，如果概念模糊就容易出错，得分也不会高。

6. 高级卫生专业技术资格考试总分及分数线

总分 100 分。每个地区的合格分数线并不相同，分数线根据每个地区当年的具体规定比例制定。

三、考试题型介绍

（一）单选题（每题 1 个得分点）

以下每道考题有 5 个备选答案，请选择 1 个最佳答案。

3. 哪支动脉为股骨头、颈的重要营养动脉

A. 股圆韧带内的小凹动脉

B. 股骨干滋养动脉升支

C. 旋股内侧动脉

D. 旋股外侧动脉

E. 腹壁下动脉

（二）多选题（每题 2 个得分点）

以下每道考题有 5 个备选答案，每题至少有 2 个正确答案，多选、少选、漏选均不得分。

3. 关于肩周炎的叙述，下列正确的是

A. 好发生于重体力劳动者，男性多于女性

B. 系肩周肌、肌腱、滑囊和关节囊的慢性损伤性炎症

C. 以活动时疼痛、功能受限为临床特点

D. 本病能自愈，一般需 1 年左右，即使不进行治疗和功能锻炼，亦不遗留任何障碍

E. 好发于 50 岁以下人群

（三）共用题干题（每个提问有 1 个得分点）

以下每道考题有 2 ~ 6 个提问，每个提问有 5 个备选答案，请选择一个最佳答案。共 15 ~ 20 问，注意总计有多少个提问，就得多少分(15 ~ 20 分)。

(1 ~ 2 题共用题干)

男性，40 岁，煤矿工人。被煤块砸伤腰背部后感腰痛，伴双下肢感觉运动障碍及大小便失禁 24 小时入院。查体：腰 1 椎体后突畸形、压痛，腹股沟以下平面感觉运动完全丧失。X 线片示：腰 1 椎体压缩 1/2，向后成角畸形及半脱位。

1. 最恰当的治疗方法是

A. 卧硬板床休息，不必进行其他处理

B. 腰部硬性支具固定，不必进行其他处理

C. 双下肢骨牵引整复骨折脱位

D. 手法复位，卧硬板床及腰背下垫枕

E. 尽早手术复位，椎管减压及内固定

2. 该病的常见并发症应除外

A. 骶尾部褥疮

B. 泌尿系感染

C. 便秘

D. 泌尿系结石

E. 神经系统疾病

（四）案例分析题

每个案例至少有 3 个提问，每个提问有多个备选答案，其中正确答案有 1 个或几个，每选择一个正确答案得 1 个得分点，每选择一个错误答案扣 1 个得分点，扣至本提问得分点为 0。注意：总计有多少个正确答案，就得多少分（15 ~ 20 分）。

(1 ~ 4 题共用题干)

患者男，既往常感颈肩部酸痛，偶伴左手麻木。近 2 个月来反复发作左上肢痛，休息后可以缓解。2 天前骑自行车不慎倒地，感左臂疼痛加剧，尤感夜间为著，不能入睡。经休息及口服“镇痛药”不能缓解，急诊来院。

1. 提示：查体一般状况好，四肢肌力 5 级，双膝反射正常，左拇指、示指及中指背侧触觉减退，脊神经根牵拉试验阳性。为明确诊断，还应做的检查是

A. 颈椎正侧位 X 线片

B. 颈椎 CT

C. 颈椎 MRI

D. 颈部彩超

E. 肌电图

F. 椎间盘造影

2. 提示：患者 MRI 示 C_5/C_6 椎间盘突出，中央偏左侧，应诊断为

A. 椎管狭窄

B. 椎动脉型颈椎病

C. 神经根型颈椎病

D. 脊髓型颈椎病

E. 交感型颈椎病

F. 肩关节周围炎

3. 诊断中需与之鉴别的疾病是

A. 尺神经炎

B. 胸廓出口综合征

C. 颈背部筋膜炎

D. 肌萎缩型侧索硬化症

E. 腕管综合征

F. 椎管狭窄

4. 对于该患者，如行手术治疗应选择

A. 牵引下手法复位

B. 颈椎后路全椎板切除术

C. L 椎板切除 + 横突间植骨

D. 颈椎前路单间隙减压植骨内固定术

E. 颈椎前路椎体次全切除植骨内固定术

F. 手法按摩

为了让考生能对骨科副主任/主任医师职称考试有更深入的了解，我们共设计了十二套模拟试卷，并对大部分试题进行了精炼的阐释与解析，条理性强，重点突出，以便考生系统复习和自我检测。

本书编写过程中，由于医疗、教学、科研工作繁重，难免有不当之处，在此恳请使用本书的读者如发现书中有不足之处，及时与我们联系，便于再版时加以修正。也可以关注我们的公众微信号，我们会根据读者提出的问题定期进行答疑。

为了让考生能对“人机对话”考试形式有更深入的了解，我们设计了一套全真“人机对话”版模拟试卷，作为本书的免费赠送产品。请扫描本书附带的二维码，关注拂石医典的公众微信号，我们会在公众微信平台发布下载人机对话模拟版试卷的网址，并说明如何安装使用。最后预祝大家顺利通过考试。

联系电话：（010）57262361

E－mail：fushimedbook@163. com

目　录

答案与解析

骨科副主任/主任医师
冲刺押题试卷答案与解析

模拟试卷一

一、单选题

1. 【答案】B
2. 【答案】A
3. 【答案】B
4. 【答案】E
5. 【答案】D
6. 【答案】C
7. 【答案】D
8. 【答案】D
9. 【答案】B
10. 【答案】C
11. 【答案】B
12. 【答案】B
13. 【答案】D
14. 【答案】E
15. 【答案】D
16. 【答案】E
17. 【答案】D
18. 【答案】C
19. 【答案】C
20. 【答案】C
21. 【答案】D
22. 【答案】C
23. 【答案】E
24. 【答案】C
25. 【答案】E
26. 【答案】B
27. 【答案】A
28. 【答案】D
29. 【答案】B
30. 【答案】B
31. 【答案】B
32. 【答案】B
33. 【答案】A
34. 【答案】E
35. 【答案】D

二、多选题

1. 【答案】ABCDE

【解析】感染、骨折、延缓愈合、不愈合、迟发窦道均是恶性骨肿瘤异体骨半关节移植术的手术并发症。

2. 【答案】BD

【解析】骨肉瘤和骨巨细胞瘤以化疗+手术治疗为主；而脊椎血管瘤和尤文肉瘤对放射治疗敏感，所以脊椎血管瘤和尤文肉瘤采取放射治疗。

3. 【答案】ABC

【解析】趾外翻畸形解剖学改变包括以下6个方面：①在跖趾头节平面蹰趾外翻畸形（正常为10°~15°），有时发生近节趾骨基底部向外侧半脱位；第1跖趾关节内侧关节囊松弛，外侧挛缩。②第1跖骨头内侧隆起，骨赘形成，蹰囊炎形成。③第1跖骨内翻畸形。正常情况下蹰外翻角，即指在第1

跖趾关节平面蹞趾向外侧偏斜，角度最大为10°~15°，超过此范围即为蹞外翻畸形。第1~2跖骨间夹角达到或大于10°者，为跖骨内翻。④第1跖骨过长，蹞内收肌紧张挛缩，异常牵拉。⑤第1跖骨绞前，蹞长屈、伸肌弓状紧张，加重畸形。⑥前足增宽。第2、3跖骨头跖面皮肤因负重加大，形成胼胝。第1跖趾关节突出部分增厚，甚至红肿产生足蹞囊炎。

4.【答案】AC

【解析】肱骨中下1/3骨折易合并桡神经损伤，只要功能复位就对功能无影响，不需要解剖复位，复位后给予石膏、外展架或小夹板外固定。只有手法复位失败或开放骨折或多发骨折及合并神经血管损伤需要手术治疗时，可以采用钢板螺钉、加压钢板及髓内针固定。

5.【答案】ABCD

【解析】强直性脊柱炎常累及：腰椎；骶髂关节；肋椎关节；颈椎；胸椎。

6.【答案】ABE

【解析】非甾体类消炎止痛药治疗骨性关节炎的原则是：无症状或症状较轻时，原则上不用非甾体类消炎止痛药；疼痛明显时服用，症状消失后停用；药物剂型和剂量要求个体化，即以最小剂量达到最佳疗效为宜；可交替使用非甾体类消炎止痛药，但不应联合用药；对于年龄较大的骨性关节炎患者，应慎重选用。

7.【答案】ADE

【解析】胫骨平台骨折治疗的目的和原则：使下陷及劈裂的骨块复位，恢复关节面的平整；矫正膝内翻、膝外翻；重建韧带完整性；促进骨折早期愈合；尽量保存膝关节的功能。

8.【答案】ADE

【解析】脊柱骨折并发脊髓损伤的减压手术，主要依据损伤的部位及类型选择术式，治疗原则是：椎板骨折下陷压迫脊髓，应做椎板减压；胸椎压缩骨折对脊髓的压迫主要来自前方，应行侧前方减压术；胸椎骨折并脱位，在脱位整复后，多不能完全解除压迫，仍行侧前方减压术；腰椎骨折因椎管大，有较多操作间隙，多选用后路；颈椎骨折多取前路，以取得较好的稳定性。

9.【答案】CE

【解析】怀疑骨折，说明骨折无移位，可以再次拍片明确，CT检查对诊断也有帮助。也可给予止痛等对症治疗，卧床休息。

10.【答案】ABCE

【解析】高位腰椎间盘突出症（LIDP）的临床表现：上腰痛，放射痛半数沿股神经及上腰神经到腹股沟、大腿前，少数达小腿内侧，1/3沿坐骨神经放射，感觉减退区多在腹股沟、大腿前至小腿内侧，伸髋或跟臀试验牵拉股神经引起疼痛者占一半，股四头肌肌力减退，抬腿无力易跌倒，膝反射减弱。股神经牵拉和直腿抬高试验均可阳性。诊断要点：①上腰痛，即使没有神经根受压症状，也不能排除$L_{3\sim4}$以上的LIDP。②有$L_{3\sim4}$、S_1多根神经根受压症状，除较少的双突出、三突出外，应多考虑为近中央型的高位LIDP。③大腿后伸试验阳性同时如兼有直腿抬高试验阳性者，多为$L_{3\sim4}$以上的LIDP。④大腿前痛和感觉减退，股四头肌肌力和膝反射减退，虽阳性率不高也应考虑高位LIDP。⑤CT或脊髓造影的意义较大。

11.【答案】ABCD

【解析】颈椎的稳定结构包括：椎间盘；前后纵韧带；项韧带；黄韧带；横突间韧带。

12.【答案】CD

【解析】脊髓损伤后导尿：留置导尿的管理与训练的重点是定时用力排尿；脊髓损伤后，应尽可能早期拔除导尿管，进行间歇导尿，有利于患者膀胱功能的恢复及降低泌尿系统感染的发生率；留置导尿一周后，应逐渐改为间歇导尿；形成自律性或反射性膀胱后，停止导尿；导尿期间，宜每日行膀胱冲洗，临床宜遵照执行，目的是为了早日形成自律性或反射性膀胱并防治感染。

13.【答案】ACD

【解析】骨肿瘤诊断的基本原则：①临床表现；②病理检查；③放射检查。

14.【答案】ACDE

【解析】截瘫系脊髓受损，受损平面以下出现的瘫痪。颈椎骨折脱位伤及颈髓造成高位截瘫，可因呼吸肌麻痹，呼吸表浅，咳嗽无力，呼吸道分泌物不易排出而发生呼吸道感染；膀胱瘫痪尿潴留，需长期留置尿管而易发生泌尿系感染和结石；截瘫平面以下皮肤失去感觉，长期卧床骨突处皮肤长期受压而易发生褥疮；脊髓受伤后，自主神经系统功能紊乱，受伤平面以下皮肤不能出汗，对气温的变化丧失了调节能力，可产生高热达40℃以上。截瘫一般不直接累及心血管系统。

15.【答案】ACD

【解析】骨软骨瘤是最多见的良性骨肿瘤，恶性变少。主要的症状是无痛性肿块以及压迫血管、神经引起的症状。外科切除包括突出的骨、软骨帽、软骨外膜，以更好地防止术后复发。骨软骨瘤一般不需要治疗；但如疾病达到一定程度，须注意及时治疗。

三、共用题干题

1.【答案】C

【解析】该患者有典型间歇性跛行的表现，是腰椎管狭窄症的主要临床特点之一。

2.【答案】D

【解析】X 线片腰椎左右斜位片有助于明确是否真性滑脱。

3.【答案】E

【解析】该患者腰 4 椎体Ⅱ度滑脱，手术治疗时需考虑减压、复位、植骨融合、内固定几个方面的问题。

4.【答案】E

【解析】对于开放性骨折的患者，首先应该视诊。

5.【答案】A

【解析】拍片应以骨折为中心是包括关节。

6.【答案】C

【解析】股骨颈骨折与股骨转子间骨折均可出现：髋部压痛、髋部肿胀、患侧下肢轴向叩击痛、患侧下肢短缩畸形，而股骨颈骨折患肢外旋畸形一般为 45°～60°，转子间骨折下肢外旋明显，可达 90°。

7.【答案】E

【解析】Garden 分型是按照骨折移位程度进行分类，共分Ⅰ、Ⅱ、Ⅲ、Ⅳ四型，没有Ⅴ型。从Ⅰ型到Ⅳ型，骨折的严重程度递增，骨折不愈合率及股骨头缺血坏死率也随之增加。外展嵌入型骨折包括在Ⅰ型内。

8.【答案】E

【解析】股骨颈骨折易发生股骨头坏死与临床分型有关，而与年龄无关。

9.【答案】D

【解析】人工关节置换术适用于全身情况尚好的股骨颈头下型骨折的高龄患者（＞65 岁）。此患者符合情况，故最适宜的治疗方法为人工全髋关节置换术。

10.【答案】A

【解析】首先考虑的诊断为类风湿关节炎。类风湿关节炎是一种常见的风湿病，女性多见，好发年龄为 30～60 岁，临床表现为慢性、进行性以小关节为主的全身性多关节肿痛，常双侧对称分布，如不及时治疗，可引起严重的关节畸形，影响患者的生活质量和工作能力。本例类风湿因子（＋），红细胞沉降率 80mm/h，高于正常范围，考虑为类风湿关节炎。

11.【答案】E

【解析】双膝活动范围对类风湿关节炎无决定性诊断意义，其他类型的关节炎也可伴有活动受限。

12.【答案】C

【解析】类风湿关节炎早期病变为关节滑膜。

13.【答案】B

【解析】本例患者为高龄患者，症状持续时间长，近来病情加重，严重影响生活质量，故考虑行人工膝关节置换术。

14. **【答案】** C

【解析】 该患者X线片出现“葱皮样”改变，为尤文肉瘤典型的X线表现。尤文肉瘤位置表浅者，早期可发现包块，有压痛、皮温高，发红。

15. **【答案】** D

【解析】 尤文肉瘤为来源于骨髓细胞的恶性原发性骨肿瘤。

16. **【答案】** B

【解析】 胸部X线摄片可早期检查尤文肉瘤患者有无肺部转移。

四、案例分析题

1. **【答案】** C

【解析】 机器碾压伤致肱骨中下段粉碎骨折常合并桡神经损伤，注意检查伸腕功能。

2. **【答案】** D

【解析】 桡动脉搏动消失说明肱动脉断裂，会导致前臂缺血坏死，应立即手术修复。

3. **【答案】** ACDE

【解析】 悬吊石膏靠重力牵引，不能牢固固定骨折端。

4. **【答案】** C

【解析】 肱骨骨折切开复位，钢板螺丝钉内固定术后，伤口疼痛减轻，2～3周应在保护下行肩关节功能锻炼。

5. **【答案】** B

【解析】 局部深压痛较其他选项对于诊断急性化脓性骨髓炎更有意义。

6. **【答案】** AD

【解析】 局部穿刺见脓液和炎性分泌物对于急性化脓性骨髓炎有确诊意义。

7. **【答案】** BCE

【解析】 早期应用抗生素48～72小时后+钻孔引流、开窗减压。骨开窗减压术为急性化脓性骨髓炎早期最常用的手术方式。

8. **【答案】** F

9. **【答案】** BF

10. **【答案】** DEF

模拟试卷二

一、单选题

1. 【答案】B
2. 【答案】E
3. 【答案】B
4. 【答案】D
5. 【答案】C
6. 【答案】B
7. 【答案】A
8. 【答案】D
9. 【答案】E
10. 【答案】C
11. 【答案】B
12. 【答案】B
13. 【答案】E
14. 【答案】E
15. 【答案】C
16. 【答案】E
17. 【答案】B
18. 【答案】B
19. 【答案】C
20. 【答案】E
21. 【答案】C
22. 【答案】D
23. 【答案】E
24. 【答案】D
25. 【答案】B
26. 【答案】C
27. 【答案】C
28. 【答案】E
29. 【答案】B
30. 【答案】B
31. 【答案】E
32. 【答案】C
33. 【答案】C
34. 【答案】A
35. 【答案】D

二、多选题

1. 【答案】ACD

【解析】骨肿瘤的治疗原则是：早期诊断；早期放疗；早期寻找原发灶；早期化疗。

2. 【答案】ACD

【解析】强直性脊柱炎的诊断标准（罗马标准）：腰痛和腰僵3个月以上，休息也不缓解；胸部疼痛及僵硬感；腰椎活动受限；胸廓扩张活动受限；虹膜炎疾病史；双侧骶髂关节炎加上以上任意一条临床指标即可诊断为强直性脊柱炎。

3. 【答案】BDE

【解析】裂缝骨折、青枝骨折属于不完全性骨折。

4. 【答案】ACDE

【解析】腓总神经位置表浅，容易受到损伤；腓总神经有运动支、感觉支；腓总神经损伤后可表现为垂足垂趾；腓总神经断裂后及时吻合修复，肌肉功能可能恢复；石膏固定压迫可造成腓总神经损伤。

5. 【答案】ABC

【解析】慢性腰腿疼是骶骨肿瘤的主要症状，初期常误诊为：①脊索瘤；②骨巨细胞瘤；③神经纤维瘤；④腰椎间盘突出症。

6. 【答案】ABC

7. 【答案】ACE

【解析】合并脊髓损伤的脊柱骨折多发生在胸腰段、颈段、胸段。

8. 【答案】AB

【解析】骨巨细胞瘤的肿瘤细胞由大量梭形和椭圆形单核基质细胞和大量破骨细胞样多核巨细胞构成。

9. 【答案】AD

【解析】采用支具治疗的患儿，主凸至少有50%被纠正，当停止支具后，有可能保持矫正适度的度数。如果主凸的被动矫正在

X 线上显示不能达到 50%，那么在支具内侧凸就不可能有 50% 的恢复。在支具治疗的第一年内能得到最好的矫正。因此，一年支具的试穿可以决定两凸之间的侧弯曲的结果，如果一个侧凸在一年末恢复至少 50%，那么在支具停止后，侧凸倾向于回到它最初的度数。因此，是否支具治疗，将不根据最初侧凸是否可以接受，而是取决于最初侧凸和最后结果的比。

10. 【答案】ABDE

【解析】股骨颈骨折不容易愈合的因素：①复位困难，反复整复；②股骨颈的血液供应较差；③软组织覆盖差；④受到的剪切应力大；⑤内固定不可靠。

11. 【答案】BC

【解析】肘部尺神经损伤表现为：手部尺侧 1 个半手指感觉障碍；小鱼际肌萎缩。A、D、E 不是肘部尺神经损伤的表现。

12. 【答案】CDE

【解析】Apley 试验、McMurray 试验为检查膝关节半月板损伤的方法；抽屉试验、Lachman 试验为检查膝关节内交叉韧带的方法；侧方应力试验为检查膝关节侧副韧带方法。

13. 【答案】BCD

【解析】髋关节脱位复位后不应当早期活动，应当牵引 3 ~4 周，然后拄拐下地不负重至少 3 个月。随访无缺血坏死征象方可离拐行走，同时配合使用活血化瘀药物治疗。

14. 【答案】ACE

【解析】骨折功能复位的标准是：①骨折部位的旋转移位、分离移位必须完全矫正。②缩短移位在成人下肢骨折不超过 1cm；儿童若无骨骺损伤，下肢缩短在 2cm 以内，在生长发育过程中可自行矫正。③成角移位：下肢骨折轻微地向前或向后成角，与关节活动方向一致，日后可在骨痂改造期内自行矫正。向侧方成角移位，与关节活动方向垂直，日后不能矫正，必须完全复位，否则关节内、外侧负重不平衡，易引起创伤性关节炎。上肢骨折要求也不一致，肱骨干稍有畸形，对功能影响不大；前臂双骨折则要求对位、对线均好，否则影响前臂旋转功能。④长骨干横形骨折，骨折端对位至少达 1/3 左右，干骺端骨折至少应对位 3/4 左右。

15. 【答案】ABC

【解析】骨与关节结核的治疗原则是：①提高全身抵抗力，正确使用抗结核药物；②控制病灶发展，防治混合感染；③尽量保存关节功能，预防畸形；④关节破坏严重，功能难保存时应固定于功能位。

三、共用题干题

1. 【答案】E

【解析】患者出现截瘫，应该尽早椎管减压，以恢复神经功能。

2. 【答案】E

【解析】腰髓损伤不会出现精神系统并发症。

3. 【答案】E

【解析】进行性肿胀、疼痛，而且以夜间为重。X 线片示胫骨上端病变扩大，肥皂泡沫阴影消失，呈云雾状阴影，骨皮质被肿瘤组织穿破，侵入软组织。考虑骨巨细胞瘤恶变的可能性大。

4. 【答案】D

【解析】此患者已出现骨巨细胞瘤恶变，故应行广泛/扩大切除手术，故选项中 D 符合。

5. 【答案】C

【解析】恶性骨肿瘤易肺转移，故术后应定期复查胸部 X 线。

6. 【答案】E

【解析】肱骨干骨折易损伤桡神经，故 E 错误。

7. 【答案】B

8. 【答案】E

【解析】A、B、C、D 项为桡神经损伤临床表现，爪形手为尺神经损伤典型临床表现。

9. 【答案】D

【解析】穿刺应该尽量避免穿刺处皮肤感染，故选择于脓肿外周健康皮肤处进针。

10. 【答案】B

【解析】骨关节结核患者有冷脓肿并混合感染，体温高，中毒症状明显者，体质极度虚弱，全身情况不好，不能耐受病灶清除术，应做冷脓肿切开排脓，注入抗结核药物，缝合加压包扎。

11. 【答案】C

【解析】患者有明显外伤史，并出现膝关节交锁、弹响，首先考虑为膝关节内半月板损伤。

12. 【答案】E

【解析】关节镜检查可以确诊膝关节内半月板损伤。

13. 【答案】B

【解析】幼儿期桡骨头发育尚未健全，小头和桡骨颈的直径基本相同，环状韧带相对松弛，对桡骨小头不能确实地固定，故桡骨小头半脱位是小孩手被牵拉后常出现的损伤。

14. 【答案】B

【解析】桡骨小头半脱位治疗采用轻柔手法都可达到满意复位。

15. 【答案】A

【解析】复位后无需长时间固定。

16. 【答案】A

【解析】患者属开放骨折，软组织挫伤较重，出血不多，应该固定及局部包扎。

17. 【答案】A

【解析】感染是开放骨折的严重并发症，须彻底清创，同时软组织损伤严重时用外固定架固定最好。

四、案例分析题

1. 【答案】A

【解析】根据临床表现及影像学检查结果考虑色素沉着绒毛结节性滑膜炎。

2. 【答案】ABCD

【解析】膝关节滑膜炎治疗宜采用膝关节镜下滑膜切除术，故A、B、C、D错误。

3. 【答案】A

【解析】滑膜炎易复发，故手术治疗后应积极预防病变复发。

4. 【答案】ABCDF

【解析】青年男性，近2个月来双髋及腰骶部疼痛，夜间疼痛明显；伴呼吸活动轻度受限，无外伤史及其他阳性体征，故不考虑腰椎间盘突出症。

5. 【答案】BE

【解析】强直性脊柱炎病因不明；好发于男性；多于骶髂关节首先发病；表现为骶髂关节炎症及疼痛；易发生双髋关节破坏；下肢肌肉常萎缩；晚期脊柱可呈竹节样改变，严重者全脊柱可发生融合。

6. 【答案】ABDEF

【解析】抗链球菌溶血素“O”测定对于强直性脊柱炎无诊断意义。

模拟试卷三

一、单选题

1. 【答案】A
2. 【答案】B
3. 【答案】B
4. 【答案】A
5. 【答案】B
6. 【答案】B
7. 【答案】C
8. 【答案】E
9. 【答案】E
10. 【答案】B
11. 【答案】C
12. 【答案】D
13. 【答案】C
14. 【答案】D
15. 【答案】B
16. 【答案】D
17. 【答案】C
18. 【答案】E
19. 【答案】C
20. 【答案】C
21. 【答案】B
22. 【答案】E
23. 【答案】B
24. 【答案】E
25. 【答案】E
26. 【答案】E
27. 【答案】D
28. 【答案】D
29. 【答案】A
30. 【答案】D
31. 【答案】B
32. 【答案】D
33. 【答案】C
34. 【答案】E
35. 【答案】D

二、多选题

1. 【答案】ABDE

【解析】尺神经在腕部损伤时可表现为：小鱼际肌萎缩；手指内收、外展动作均丧失；拇指内收动作丧失；屈掌指关节及伸指间关节不能；手部尺侧感觉障碍。

2. 【答案】AB

【解析】股骨颈骨折后股骨头缺血坏死的早期临床表现为：跛行；疼痛；髋关节内旋、外展受限。

3. 【答案】ACDE

【解析】强直性脊柱炎的典型 X 线表现为：增生的新骨造成椎体方形变，晚期可见脊柱竹节样改变；纵行的三条骨化带（两侧骨化的关节突和中间的棘突及骨化的棘上、棘间韧带）贯穿整个脊柱；胸腰椎/腰椎后凸；正常椎体前缘的生理凹陷消失。

4. 【答案】CE

【解析】化脓性脊椎炎：①急性化脓性脊椎炎的早期诊断常有一定困难，易与败血症、腰部软组织化脓性感染相混淆，凡疑有化脓性脊椎炎者，均应按本病尽早治疗，边治疗边进一步检查；②在确诊或疑为急性化脓性脊椎炎时，应及时给予有效广谱抗生素治疗，待细菌培养及找出敏感抗生素后再及时调整；③急性化脓性脊椎炎，一旦出现脊髓压迫症状，如下肢无力、感觉改变或尿潴留等症状，应紧急行 CT 扫描检查。如显示为硬膜外有脓肿压迫脊髓时，立即行椎板切除、硬膜外脓肿引流，以防止截瘫加重。

5. 【答案】ABCE

【解析】骨与关节结核所产生的炎性渗出物和坏死组织积聚起来形成寒性脓肿，脓肿可沿软组织间隙扩散并侵及周围组织，穿破皮肤或肠管形成窦道，脓液及其中的坏死组织均可从窦道内排出。

6.【答案】BCDE

【解析】胫前肌群麻痹，跟腱挛缩引起马蹄足畸形；腓骨长短肌麻痹，形成内翻足畸形；胫前肌与腓骨长短肌同时麻痹，形成马蹄内翻足畸形；长时间的前足下垂，跖腱膜挛缩，出现高弓足畸形；小腿三头肌麻痹形成仰足畸形（又称跟行足畸形）。

7.【答案】ABCE

8.【答案】ABCDE

【解析】开放性骨折的定义：是指骨折合并有覆盖骨折部位的皮肤及皮下软组织损伤破裂，使骨折断端和外界相通者，称为开放性骨折。故备选答案都属于开放性骨折。

9.【答案】CDE

【解析】上肢的结构特征：骨骼轻巧；运动灵活；排列复杂；肌肉较多；神经分布复杂，由64块骨构成。

10.【答案】CD

【解析】Monteggia骨折（孟氏骨折）指尺骨上1/3骨折合并桡骨头脱位的骨折；Galeazzi骨折（盖氏骨折）指桡骨中下1/3骨折合并下尺桡关节脱位。骨折特点与题干描述不符，故选C、D。

11.【答案】CD

【解析】肩关节脱位发生率最高；桡骨小头半脱位通常行手法复位；肘关节脱位复位后需固定屈曲90°位2～3周；肩关节最常见前脱位，肘关节最常见后脱位；肘关节脱位容易引起前臂缺血性肌挛缩。

12.【答案】ABE

【解析】强直性脊柱炎：本病病因不明；好发于男性；多于骶髂关节首先发病；表现为骶髂关节炎症及疼痛；易发双髋关节破坏，导致关节僵直；下肢肌肉常萎缩；晚期脊柱可呈竹节样改变，严重者全脊柱可发生融合。

13.【答案】BCE

【解析】骨样骨瘤：多见于青年人；好发于股骨、胫骨和腓骨；可用NSAIDs类药物止痛；手术治疗为主；是良性骨肿瘤。

14.【答案】AD

【解析】多发性骨髓瘤（MM）是一种恶性浆细胞病，其肿瘤细胞起源于骨髓中的浆细胞，而浆细胞是B淋巴细胞发育到最终功能阶段的细胞。因此多发性骨髓瘤可以归到B淋巴细胞淋巴瘤的范围。目前WHO将其归为B细胞淋巴瘤的一种，称为浆细胞骨髓瘤/浆细胞瘤。其特征为骨髓浆细胞异常增生伴有单克隆免疫球蛋白或轻链（M蛋白）过度生成，极少数患者可以是不产生M蛋白的未分泌型MM。多发性骨髓瘤常伴有多发性溶骨性损害、高钙血症、贫血、肾脏损害。由于正常免疫球蛋白的生成受抑，容易出现各种细菌性感染。发病率估计为（2～3）/10万，男女比例为1.6:1，大多患者年龄>40岁。

15.【答案】ACE

【解析】Denis的三柱理论将脊柱分为前、中、后柱，前柱为椎体前纵韧带、椎体前部及椎间盘前部，中柱为后纵韧带、椎体后部及椎间盘后部，后柱包括椎弓、黄韧带、关节突关节、棘突及棘间韧带，脊柱的稳定主要依赖中柱的完整。一般认为单纯椎体楔形骨折，腰4以上峡部骨折系稳定骨折。所有骨折脱位伴棘间韧带断裂及腰4以下峡部骨折，后方棘间韧带损伤伴有后纵韧带损伤者为不稳定骨折。爆裂骨折、屈曲分离损伤、骨折脱位均破坏前、中、后柱，属不稳定损伤。

三、共用题干题

1.【答案】D

2.【答案】E

【解析】垂腕、垂指畸形是肘上桡神经损伤的典型畸形，桡神经走行在肱骨中段背侧的桡神经沟内，在肱骨下1/3处紧贴肱骨向前绕行，故此处骨折最易伤及。该患者应选择的治疗是手法复位悬垂石膏固定。骨折引起的桡神经损伤，大多为牵拉伤，大部分可自行恢复，因此应观察2～3个月，如不恢复，再行手术。手法复位小夹板固定有加重神经压迫的可能，不宜采用。因为是长斜形骨折，复位后不稳定，宜悬垂石膏固定。如复位后比较稳定的骨折，可用“U”形石膏固定。

3.【答案】E

【解析】患者搬重物后出现腰痛，伴右下肢放射痛，咳嗽、喷嚏时症状加重，腰椎活动明显受限，直腿抬高仅达40°，加强试验（+），右足外侧皮肤感觉减退，右跟腱反射减弱，为典型的腰5骶1椎间盘突出表现。

4.【答案】E

【解析】E选项不属于腰椎间盘突出治疗方案。

5.【答案】D

【解析】腰椎间盘突出症首选的康复预防措施为腰背肌肉锻炼。

6.【答案】D

【解析】踝反射异常表示骶1神经根受压，故D项错误。

7.【答案】B

【解析】长跑运动员，跟腱起点近端4cm处足跟疼痛1年余，用力蹬地时疼痛加重，前足呈下垂位，考虑为跟腱挛缩。

8.【答案】C

【解析】局部封闭治疗慢性跟腱损伤引起的疼痛非常有效。

9.【答案】C

【解析】跟腱断裂可发生断裂处分离，如不进行手术修补不能使断裂处对位，术后需长腿跖屈、屈膝位石膏固定，以减小断裂处张力。

10.【答案】E

【解析】跟腱锻炼术后应石膏固定6周后拆除石膏+物理疗法。

11.【答案】A

【解析】对伤口较小的开放骨折，且污染不严重，清创虽可以按照闭合骨折处理，二期行其他治疗，但应尽量避免小夹板固定。

12.【答案】B

【解析】外固定架在治疗开放性骨折方面具有独特的优势，对软组织有较好的保护作用，能减少骨折的并发症，促进骨折愈合。粉碎骨折不宜用钢板固定。

13.【答案】A

【解析】小腿中下段由于血液循环的特殊性，最容易发生骨折延迟或不愈合的问题。

14.【答案】C

【解析】女性患者，跌倒时左手掌着地，图示为典型的银叉样畸形，故答案为伸直型桡骨下端骨折，通常采用手法复位夹板/石膏外固定。

15.【答案】E

【解析】伸直型桡骨下端骨折手法复位石膏固定，腕关节应固定在掌曲尺偏位。

16.【答案】E

【解析】随访应注意手指功能锻炼程度，2周后更换功能位，桡骨远端骨折愈合时间通常是3~4周，故石膏维持至4~6周即可。

四、案例分析题

1.【答案】BD

【解析】患者有腰椎间盘手术史，现下腰部可触及大小为3cm×3cm包块，有触痛，左下肢小腿外侧皮肤感觉减退，左下肢直腿抬高试验（+），ESR↑，C反应蛋白↑，故考虑腰椎结核、腰椎间隙感染。

2.【答案】ABCDE

【解析】应该完善的检查包括：腰椎正侧位、过伸过屈位X线片；腰椎CT；腰椎MRI；腰椎B超；胸部正侧位X线。

3.【答案】A

【解析】半年前当地医院患者手术病理报告为“L_5/S_1椎间盘结核”，出院后一直口服抗结核药。MRI提示L_5/S_1水平硬膜囊有受压，L_5椎体下缘、S_1椎体上缘破坏、有死骨形成。B超示腰部有脓肿。则考虑为L_5/S_1椎间盘结核复发。

4.【答案】BCDE

【解析】脊柱结核占全身结核的首位，其中以椎体结核占大多数，附件结核十分罕见。椎体结核分中心型和边缘型两种。中心型椎体结核多见于儿童，好发于胸椎，一般只侵犯一个椎体，因此椎间隙正常。边缘型椎体结核多见于成人，好发于腰椎，侵犯相邻椎体及椎间盘，因此椎间隙狭窄。脊柱结核为继发病，原发病为肺结核，消化道结核或淋巴结核等，经血循环途径造成骨与关节结核。

5. **【答案】** A

【解析】 脊柱结核治疗首选：手术彻底清除椎体病灶及脓肿。

6. **【答案】** DF

7. **【答案】** EF

8. **【答案】** AF

【解析】 股骨颈骨折常发生于老年人，临床治疗中存在骨折不愈合和股骨头缺血坏死两个主要难题。

模拟试卷四

一、单选题

1. 【答案】D
2. 【答案】C
3. 【答案】C
4. 【答案】C
5. 【答案】B
6. 【答案】C
7. 【答案】A
8. 【答案】D
9. 【答案】D
10. 【答案】E
11. 【答案】B
12. 【答案】E
13. 【答案】C
14. 【答案】D
15. 【答案】A
16. 【答案】C
17. 【答案】E
18. 【答案】B
19. 【答案】D
20. 【答案】C
21. 【答案】D
22. 【答案】A
23. 【答案】D
24. 【答案】D
25. 【答案】D
26. 【答案】C
27. 【答案】A
28. 【答案】A
29. 【答案】A
30. 【答案】E
31. 【答案】E
32. 【答案】A
33. 【答案】C
34. 【答案】B
35. 【答案】E

二、多选题

1. 【答案】ABCE

2. 【答案】ACE

【解析】骨内脂肪瘤 X 线表现为骨髓腔内圆形的溶骨性病变，轻度骨质膨胀，边缘清楚锐利，无侵袭性；骨内脂肪瘤内可见灶性钙化和残存的骨小梁，一般无骨膜反应；骨内脂肪肉瘤组织学上可分为脂肪瘤型、黏液瘤型和多形性 3 种类型；骨脂肪瘤与脂肪肉瘤的好发部位均为长管状骨干骺端；骨内脂肪肉瘤应采取根治性切除或截肢手术。

3. 【答案】AD

【解析】股骨颈骨折时，常发生 Kaplan 点偏向健侧；大转子尖向 Nelaton 线上方或下方移位；下肢活动受限。

4. 【答案】AB

5. 【答案】BCE

【解析】骨折功能复位的标准是：①骨折部位的旋转移位、分离移位必须完全矫正。②缩短移位在成人下肢骨折不超过 1cm；儿童若无骨骺损伤，下肢缩短在 2cm 以内，在生长发育过程中可自行矫正。③成角移位：下肢骨折轻微地向前或向后成角，与关节活动方向一致，日后可在骨痂改造期内自行矫正。向侧方成角移位，与关节活动方向垂直，日后不能矫正，必须完全复位。否则关节内、外侧负重不平衡，易引起创伤性关节炎。上肢骨折要求也不一致，肱骨干稍有畸形，对功能影响不大；前臂双骨折则要求对位、对线均好，否则影响前臂旋转功能。④长骨干横形骨折，骨折端对位至少达 1/3 左右，干骺端骨折至少应对位 3/4 左右。

6. 【答案】ABCE

【解析】稳定性骨折包括：裂缝骨折；青枝骨折；横形骨折；嵌插骨折；压缩性骨折。

7. 【答案】ABD

【解析】肱骨干骨折，容易引起桡神经麻痹；外科颈骨折可并发肱骨头脱位；外科颈骨折，即使畸形愈合后，其功能障碍也较少；髁上骨折容易残留肘内翻；髁上骨折容易引起缺血性肌挛缩。

8. 【答案】ACD

9. 【答案】BCDE

【解析】恶性骨肿瘤后期出现全身衰弱，食欲缺乏，形体消瘦；疼痛为恶性骨肿瘤最早出现的症状；肿块；病理性骨折多见；局部压迫症状明显；常可形成转移瘤病灶。恶性骨肿瘤发病病程短，进展速度快；恶性骨肿瘤阴影多不规则，密度不均匀，边界不整齐，轮廓不清楚，骨皮质呈不规则破坏呈虫蛀样或筛孔样。无膨胀征象，多有骨膜反应，骨膜反应是恶性骨肿瘤的一个特征，可表现为 Codman 三角阴影或葱皮样阴影和放射状阴影，软组织有肿胀阴影。

10. 【答案】BC

11. 【答案】ABCDE

12. 【答案】ABCD

13. 【答案】ABCDE

【解析】患者低热、盗汗、腰痛。X 线摄片发现 L_3 椎体破坏，椎间隙变窄，腰大肌阴影膨隆，考虑为腰椎结核。以上各项均属于腰椎结核诊断、治疗措施。

14. 【答案】ACE

【解析】治疗 4 ~ 8 岁的先天性髋关节脱位的恰当方法：该组病儿因脱位时间长，软组织挛缩更为明显，髋臼发育更差，往往小而浅，而且臼底有大量脂肪纤维组织存在，手法复位极为困难，故绝大多数需做切开复位。但在切开复位前必须做牵引 2 ~ 3 周，直至股骨头牵引到髋臼平面才能行手术治疗：①股骨头加盖手术；②Zahradnick 手术。

15. 【答案】ABE

【解析】肩关节前脱位一般手法复位即可成功，必要时可在局部麻醉下复位。手法复位多采用 Hippocrates、Kocher、Stimson 法。Dugas 征由阳性转为阴性表示复位成功。复位后不能立即活动肩关节，以防再脱位。

三、共用题干题

1. 【答案】A

【解析】股骨干骨折失血量为：300 ~ 2000ml，此患者双大腿均考虑骨折，故首先需紧急处理失血性休克。

2. 【答案】E

【解析】患者牵引治疗后生命体征平稳，X 线提示骨折存在成角移位，需纠正，故行手术切开复位内固定。

3. 【答案】B

【解析】骨折愈合后 2 年，左膝屈曲活动度差。X 线片未发现异常。首先考虑为大腿创伤后股四头肌腱粘连伴关节僵硬。

4. 【答案】C

【解析】可行手术松解股四头肌腱及关节周围粘连组织。

5. 【答案】A

【解析】患者年龄较大，一般状态较差，并伴有肺心病病史 30 余年，多不能耐受手术，故选择非手术治疗，即下肢中立位皮牵引。

6. 【答案】B

【解析】对于青壮年的股骨颈骨折，多选用切开复位内固定。

7. 【答案】C

【解析】股骨颈骨折行内固定治疗最易出现骨折不愈合。

8. 【答案】D

【解析】95% 的腰椎间盘突出症发生于腰 4 和腰 5 骶 1 椎间隙。疼痛为放射痛，可因咳嗽、打喷嚏、用力排便等使疼痛加重。坐骨神经支配区域的痛觉减退，患肢麻木，肌瘫痪，或出现会阴部麻木，排便、排尿无力等马尾综合征。体征表现为直腿抬高试验和加强试验阳性。

9. 【答案】E

【解析】腰椎间盘突出症需与以下疾病相鉴别，如腰肌劳损和棘上、棘间韧带损伤

（此类为最常见的腰痛原因）、第3腰椎横突综合征、椎弓根峡部裂与脊椎滑脱症、腰椎结核或肿瘤等。

10.【答案】A

【解析】本例患者X线片示：$L_{4\sim5}$椎间隙变窄，下肢麻木的区域为：小腿外侧或足背。

11.【答案】B

【解析】CT检查可显示骨性椎管形态，黄韧带是否增厚及椎间盘突出的大小、方向等，对本病有较大的诊断价值。MRI除有CT的优点外，尚可更清晰全面地观察到突出髓核与脊髓、马尾神经、脊神经根之间的关系。

12.【答案】B

13.【答案】D

14.【答案】A

15.【答案】A

【解析】该患者应诊断为左上臂完全离断伤。凡完全不相连或只有极少组织相连且清创手术时必须切除的为完全离断；如有2/3以上软组织相连，主要血管断裂，不修复血管肢体不能存活者为不完全断肢。该患者治疗方案选择应考虑：再植时限一般为6～8小时，该患者已6小时，断肢因有5cm相连而未冷藏保存，上臂中段离断软组织较多，离断后产生的有毒物质也多，再植后全身毒性反应可能较严重。切割伤断面整齐、污染轻，再植存活率高，该患者为机器绞伤属撕裂伤，损伤广泛，血管神经肌腱在不同平面撕脱断裂，手术复杂，成功率和功能恢复均差。但患者年轻，且是上肢，还是应该选择断肢再植术。该患者术后20小时，出现题中所示的表现，应考虑静脉回流受阻，可能是受压痉挛或栓塞。此时应立即解开敷料，解除一切压迫因素，采用血管解痉措施，短期观察后，如不好转则多为血管栓塞，应立即手术治疗。

四、案例分析题

1.【答案】ABCD

【解析】骨折功能复位的标准是：①骨折部位的旋转移位、分离移位必须完全矫正。②缩短移位在成人下肢骨折不超过1cm；儿童若无骨骺损伤，下肢缩短在2cm以内，在生长发育过程中可自行矫正。③成角移位：下肢骨折轻微地向前或向后成角，与关节活动方向一致，日后可在骨痂改造期内自行矫正。向侧方成角移位，与关节活动方向垂直，日后不能矫正，必须完全复位。否则关节内、外侧负重不平衡，易引起创伤性关节炎。上肢骨折要求也不一致，肱骨干稍有畸形，对功能影响不大；前臂双骨折则要求对位、对线均好，否则影响前臂旋转功能。④长骨干横形骨折，骨折端对位至少达1/3左右，干骺端骨折至少应对位3/4左右。故侧方移位不用完全对合。E项错。

2.【答案】C

【解析】患者伤后48小时出现桡动脉搏动弱，手指凉、麻木，则考虑并发主要动脉损伤，故选C。

3.【答案】ABDE

【解析】患者颈肩痛、上臂痛并四肢乏力3年入院。双上肢、上臂外侧、三角肌区皮肤感觉减退，三角肌肌力Ⅱ级，肱二头肌反射亢进，肱三头肌反射亢进，双上肢Hoffmann征（+），膝反射、跟腱反射亢进，髌阵挛（+），踝阵挛（+），则可考虑为颈椎病压迫神经，或肿瘤压迫椎管。

4.【答案】ABCE

【解析】X线、CT、MRI、肌电图等检查则可确诊颈椎病或椎管内肿瘤。颈脊髓造影临床上不作为常规检查项目。

5.【答案】B

【解析】MRI可见颈椎间盘明显向后突出压迫椎管，故可确诊为脊髓型颈椎病。

6.【答案】A

【解析】根据患者的影像学特点制定手术方案：①致压物来自前方者宜行前路手术直接去除压迫；②若患者伴有明显的黄韧带肥厚内褶或后纵韧带广泛骨化前路无法减压者，则可行后路手术；③若患者颈椎前后均有致压物，单独采用前路减压或后路减压手术；④多节段颈椎病致压物都来自前方退变椎间盘及骨赘，单纯的后路手术不能去除前方致压物常难以获得有效的减压，因此前路手术减压更为合理，后路手术则可作为前路手术的补充手段；④三个节段以上的病变一般公认应该选择后路减压；⑤必要时可以选择前后路联合手术，前提是患者身体条件较好。此例患者颈椎管压迫多来自颈 3/4/5 间盘，故选择前路手术，选 A。

7.【答案】ABCDE

【解析】颈椎手术的并发症有：①脊髓或神经根损伤；②手术入路选择不当；③喉返神经或喉上神经损伤；④交感神经损伤；⑤椎动脉损伤；⑥喉头水肿、气管痉挛；⑦术后颈部血肿；⑧颈髓反应性水肿；⑨脑脊液漏；⑩食管气管损伤；⑪切口感染；⑫骨块脱出；⑬钢板内固定松动或断裂；⑭骨不愈合伴假关节形成；⑮手术相邻节段退变；⑯椎间高度丢失；⑰术后“再关门”；⑱肢体静脉栓塞；⑲硬膜外血肿；⑳术后颈部轴性疼痛；㉑术后肩部疼痛；㉒心、脑血管意外。

模拟试卷五

一、单选题

1.【答案】B

2.【答案】D

3.【答案】C

4.【答案】E

5.【答案】E

6.【答案】A

7.【答案】C

8.【答案】C

9.【答案】C

10.【答案】C

11.【答案】C

12.【答案】A

13.【答案】A

14.【答案】B

15.【答案】E

16.【答案】A

17.【答案】A

18.【答案】D

19.【答案】E

20.【答案】A

21.【答案】C

22.【答案】A

23.【答案】D

24.【答案】A

25.【答案】C

26.【答案】B

【解析】根据图片提示为典型的髋关节屈曲、内收、内旋畸形，故考虑诊断为右髋后脱位。

27.【答案】A

28.【答案】B

29.【答案】A

30.【答案】D

31.【答案】E

32.【答案】E

33.【答案】D

34.【答案】A

35.【答案】B

二、多选题

1.【答案】BCD

【解析】稳定性骨折包括：裂缝骨折、青枝骨折、横形骨折、嵌插骨折、压缩性骨折。不稳定性骨折包括：斜形骨折、螺旋形骨折、粉碎性骨折。

2.【答案】ADE

【解析】骨折愈合的三个阶段分别是：①血肿炎症机化期；②原始骨痂形成期；③骨痂改造塑形期。

3.【答案】BE

【解析】伸直型桡骨远端骨折（Colles 骨折）的典型畸形为：侧面银叉样畸形，正面枪刺刀样畸形。

4.【答案】ABCDE

【解析】胸腰椎骨折的分类：①单纯性楔形压缩性骨折；②稳定性爆破型骨折；③不稳定性爆破型骨折；④Chance 骨折；⑤屈曲－牵拉型损伤；⑥脊柱骨折－脱位。

5.【答案】DE

【解析】强直性脊柱炎：属结缔组织的血清阴性反应性疾病；本病病因不明；好发于男性；多于骶髂关节首先发病，继而累及脊柱，也可侵及单个髋关节；表现为骶髂关节炎症及疼痛；易发双髋关节破坏；下肢肌肉常萎缩；晚期脊柱可呈竹节样改变，严重者全脊柱可发生融合。

6.【答案】BDE

【解析】开放性骨折定义：骨折合并有覆盖骨折部位的皮肤及皮下软组织损伤破裂，使骨折断端和外界相通者。故备选答案 B、D、E 都属于开放性骨折。A、C 项临床表现为骨盆骨折骨折的局部表现，不属于开放性骨折的特征。

7.【答案】DE

【解析】桡神经损伤：①高位损伤指在腋下部位受损，表现前臂肌肉麻痹、垂腕、前臂伸直时不能旋后，指关节屈曲，拇指内收不能外展，肘关节、上臂和前臂后面、手背侧桡侧部感觉障碍；桡骨膜反射、肘三头肌反射降低。②肘部分支以下损伤，肱桡肌、伸腕肌功能保存，前臂旋后障碍，无垂腕。③前臂中1/3以下损伤，仅伸指瘫痪，无垂腕。④接近腕关节损伤（各运动支均已发出），无桡神经麻痹症状（虎口区皮肤感觉消失）。

8.【答案】ABCD

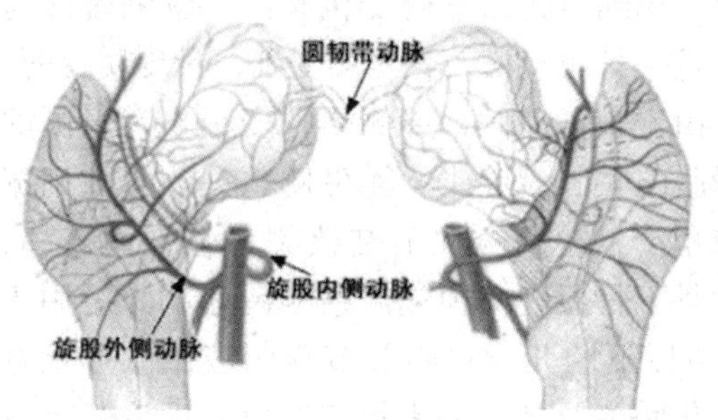

【解析】股骨头血供为：旋股内侧动脉为股骨头、颈的主要营养动脉，还有部分来自关节囊反折部，骺外侧动脉供应股骨头2/3～4/5的血液。在小儿，小凹动脉经圆韧带给股骨头供血，在骺板不与其他血供交通，成年后其渐闭塞。

9.【答案】BD

【解析】腕部尺神经损伤，主要表现为：①小鱼际肌萎缩；②环小指夹指力减弱；③手部尺侧1个半手指掌侧感觉障碍。

10.【答案】ACDE

【解析】腰椎结核时寒性脓肿流注的部位有：腰大肌；股三角或股骨小转子附近；腹股沟；髂窝；腰三角。

11.【答案】DE

【解析】肋横突关节：从1～10肋，由每一肋结节关节面与横突肋凹构成，关节面覆盖一层透明软骨，关节囊松弛，也属微动关节；属于肋椎关节的一部分；包括胸椎横突肋凹；包括肋结节关节面。

12.【答案】ABC

【解析】膝关节半月板损伤是一种以膝关节局限性疼痛，部分患者有打软腿或膝关节交锁现象，股四头肌萎缩，膝关节间隙固定的局限性压痛为主要表现的疾病。诊断依据：①有膝扭转致伤史或无明显外伤史。②体检有明确体征：患膝有不同程度受限，部分患者有关节弹响声及交锁症状，关节间隙压痛明显，少数患者在关节间隙可扪及突起（半月板撕裂突出部分）。大部分患者可有股四头肌萎缩。③特殊检查：膝关节过屈试验、膝关节过伸试验、旋转挤压试验、半月板前角挤压试验、Apley试验、半月板重力试验、摇摆试验、盘状半月板弹拨试验等。改良蹲走试验为膝关节半月板损伤一种较好的物理检查方法。Lachman试验属于检查膝关节内交叉韧带的方法。④辅助检查，如X线正侧位片等。

13.【答案】BDE

【解析】髌骨粉碎性骨折的特点：直接暴力所致；关节面损伤重。

14.【答案】BCE

【解析】骨肿瘤的分类：①恶性骨肿瘤：骨肉瘤；尤文肉瘤；骨髓瘤；脊索瘤；软骨肉瘤；②交界性肿瘤：骨巨细胞瘤；③良性骨肿瘤：骨瘤；骨样骨瘤；骨软骨瘤；软骨瘤。

15.【答案】BCE

【解析】颈椎间盘突出手术治疗原则：非手术治疗无效反复发作者需手术治疗；脊髓型颈椎病常需手术治疗；伴椎管狭窄者一般行后路手术；后路手术以减压为主，一般不行髓核摘除；前路手术一般同时行植骨融合稳定脊柱。

三、共用题干题

1.【答案】C

【解析】腰痛伴有坐骨神经痛是腰间盘突出症的主要症状，也是最先出现的症状，发生率约为91%。疼痛主要在腰背部或腰骶部，反复发作，咳嗽、打喷嚏、用力排便等可使疼痛加重。行走时脊柱侧凸，骨盆倾斜，腰部活动受限。直腿抬高试验和加强试验阳性。

2.【答案】D

【解析】腰椎间盘突出好发于腰4~5和腰5~骶1间盘，前者累及腰5神经根，后者累及骶1神经根。腰5神经根受累可出现踝及趾背伸力弱，小腿前外侧和足内侧皮肤感觉改变；骶1神经根受累可出现踝及趾跖屈力弱，外踝附近和足外侧皮肤感觉改变。

3.【答案】B

【解析】CT检查可显示骨性椎管形态，黄韧带是否增厚及椎间盘突出的大小、方向等，对本病有较大的诊断价值。MRI除有CT的优点外，尚可更清晰全面地观察到突出髓核与脊髓、马尾神经、脊神经根之间的关系。

4.【答案】E

【解析】本例患者病情逐渐加重，已严重影响生活及工作，且出现尿便障碍，说明突出部分已经压迫马尾，故应考虑手术治疗。

5.【答案】C

【解析】此例患者外伤史为右肩部着地，可造成锁骨外1/3骨折；肱骨干骨折；肩锁关节脱位；肱骨外科颈骨折。而肱骨髁上骨折多为摔倒时手掌着地所致，根据外伤史可排除C选项。

6.【答案】A

【解析】肩关节脱位以前脱位最常见。

7.【答案】B

【解析】肩关节脱位可出现以下体征：方肩畸形；Dugas征（+）；肩胛盂处空虚感；肩关节弹性固定。而Mills征（+）为肱骨外上髁炎典型阳性体征。

8.【答案】A

【解析】肱骨外科颈骨折：多发生于中老年人；易并发神经损伤；可分为无移位、外展型、内收型骨折；外科颈处骨皮质突然变薄，易骨折；肱骨外科颈位于骨干与大小结节交界处。

9.【答案】A

【解析】肱骨外科颈骨折后出现三角肌表面麻木多为腋神经损伤的表现。

10.【答案】C

【解析】儿童患者，右髋部有外伤史，近日逐渐出现右下肢跛行，诉右膝疼痛，并有夜痛，同时伴有低热，食欲减退等，体检：腰椎轻度前凸，右髋Thomas征（+）。根据临床表现及查体初步考虑为髋关节早期滑膜结核。

11.【答案】B

【解析】X线检查对本病的早期诊断很重要，应拍骨盆正位片，仔细对比两侧髋关节。单纯滑膜结核的变化有：①患侧髋臼与股骨头骨质疏松，骨小梁变细，骨皮质变薄。②由于骨盆前倾，患侧闭孔变小。③患侧的滑膜与关节囊肿胀。④患侧髋关节间隙稍宽或稍窄，晚期全关节结核关节软骨面破坏，软骨下骨板完全模糊。结核菌素试验适用于4岁以下的儿童；髋关节穿刺液做涂片检查和化脓菌及结核菌素培养，对本病诊断有一定价值，但髋关节位置深在，有时穿刺不一定成功；手术探查取组织活检，是最准确的诊治方法。

12.【答案】B

【解析】髋关节结核的治疗原则：①对髋关节结核的治疗，首先要着重全身治疗，改善全身情况，增强机体的抵抗力，卧床休息，少行走。②在结核病灶活动期和手术前、后，应用抗结核药物。③牵引：可纠正肌肉痉挛引起的关节畸形，用持续皮肤牵引，早期纠正部分或全部屈曲挛缩，用牵引法保持关节面分离，以防粘连。

13.【答案】C

【解析】老年女性患者，外伤致左髋关节疼痛。查体：双下肢无畸形，髋关节无肿胀，左下肢轻度轴向叩击痛。X线检查未见明显骨折脱位。考虑稳定性股骨颈骨折，故现在最恰当的处理措施为：卧床制动，2周后复查X线。

14.【答案】A

【解析】患者活动后患肢疼痛逐渐加重，并出现患肢短缩，不能承重。查体：患肢外旋短缩畸形，叩击痛明显。考虑股骨颈骨折伴移位。

15.【答案】C

【解析】人工髋关节置换术适用于全身情况尚好的老年患者（>65岁）的股骨颈头下型骨折。而患者年龄为70岁，则首先考虑行人工全髋关节置换术。

16.【答案】E

【解析】青春期女患者，正常活动后突然摔倒。X线片示右股骨下段骨折，骨折线分离，骨折两侧可见虫蚀样骨质破坏，髓腔内骨质硬化。考虑病理性骨折。骨肉瘤则好发于10~25岁年轻患者，则首先考虑右股骨骨肉瘤，病理性骨折。

17.【答案】D

【解析】对于病理性骨折的急诊处理措施为：简单外固定，以减轻患者疼痛，减少异常活动，再行穿刺活检；根据病理结果进一步确定下一步治疗方案。

四、案例分析题

1.【答案】ABD

【解析】中年女性患者，出现腰腿痛伴右小腿麻木，检查：L_4/L_5 棘突间隙有压痛，右小腿外侧皮肤感觉减退，双下肢直腿抬高试验（-）。根据病史及临床表现，则不能排除腰椎峡部裂、腰椎滑脱、腰椎间盘突出症。腰椎失稳、腰椎管狭窄相较以上三种疾病临床表现及查体明显不同，故不考虑。

2.【答案】ABCD

【解析】X线、CT、MRI等检查可确诊腰椎间盘突出症或腰椎管狭窄及椎管内肿瘤。腰椎管内造影临床上不作为常规检查项目。

3.【答案】A

【解析】根据腰椎X线侧位片提示可见，该患者 L_4 椎体向前方轻度滑脱，腰椎连续性中断，正位片提示可见 L_4 椎弓峡部裂。

4.【答案】B

【解析】对于 L_4 椎弓峡部裂合并 L_4 滑脱Ⅰ度患者首先考虑手术治疗。

5.【答案】A

【解析】对于有腰椎滑脱合并椎弓峡部裂并伴有椎管内压迫症状的患者，手术方式则选择：后入路 $L_{4,5}$ 椎间盘切除+椎间Cage融合+后路椎弓根钉系统内固定。

6.【答案】E

【解析】骨肉瘤X线片特点Codman三角或呈“日光射线”样影。

7.【答案】D

8.【答案】AC

【解析】骨肉瘤以化疗+手术治疗为主。

9.【答案】BCDE

模拟试卷六

一、单选题

1. 【答案】A
2. 【答案】D
3. 【答案】A
4. 【答案】D
5. 【答案】A
6. 【答案】A
7. 【答案】E
8. 【答案】D
9. 【答案】A
10. 【答案】B
11. 【答案】B
12. 【答案】C
13. 【答案】D
14. 【答案】E
15. 【答案】C
16. 【答案】C
17. 【答案】A
18. 【答案】E
19. 【答案】D

【解析】本题的关键是“Eaton 试验和 Spurling 试验阳性”。Eaton 试验，即上肢牵拉实验；Spurling 试验，即压头试验。两者阳性，常见于颈椎病的神经根型。

20. 【答案】B

【解析】A、D 选项属于骨折早期并发症，故除外；肱骨髁上骨折的部位有骨骺，血运丰富，极少出现骨折不愈合（除外 E 选项），多为畸形愈合，以肘内翻最常见。肘外翻畸形则多见于肱骨内外髁骨折。

21. 【答案】D
22. 【答案】D
23. 【答案】B
24. 【答案】D
25. 【答案】B
26. 【答案】E
27. 【答案】D

【解析】根据题干信息：老年人，负重关节疼痛，关节骨摩擦音，以及特异的 Heberden 结节，诊断为骨关节炎。

28. 【答案】E
29. 【答案】D
30. 【答案】C
31. 【答案】C
32. 【答案】C
33. 【答案】D
34. 【答案】B
35. 【答案】E

二、多选题

1. 【答案】ACE

【解析】目前较为通用的胸腰椎骨折不稳定性的标准为任何双柱损伤的骨折均为不稳定性骨折，因为任何双柱受损均导致脊柱抵抗压缩、牵张和旋转的能力降低；屈伸轴心的移位，使得脊柱移位的倾向增加和难以保持满意的复位，如前柱压缩性破坏、后柱牵张性破坏的严重楔形压缩性骨折，前柱的破坏使椎体承受重力的能力降低，后柱中的棘上韧带、棘间韧带的受损使得抵抗牵张力的能力下降，小关节的跳跃使得抵抗旋转力的能力降低。不稳定性的递增随着三柱受损柱数的增加和损伤机制的复合而增加，如爆裂性骨折的不稳定性大于前述的严重楔形压缩性骨折，而后柱复合牵张性破坏的爆裂性骨折的不稳定性又大于单纯爆裂性骨折。骨折脱位既是不稳定性的结局，又是不稳定性的表现。骨折脱位均为三柱受损，而三柱为前纵韧带、前 2/3 椎体和椎间盘为前柱，后 1/3 椎体、椎间盘、后纵韧带和椎弓为中柱，关节突、棘间韧带和棘上韧带为后柱，二者同样认为中柱是维持脊柱骨折稳定的关键。

2. 【答案】AE

【解析】内固定原则：满足生物力学需要的坚强内固定；无创外科操作技术；关节早期无痛主动活动。

3.【答案】BC

【解析】肩周炎好发于40岁以上的中老年人。长期过度活动、姿势不良等所产生的慢性致伤力是主要的激发因素。表现为肩部疼痛，伴关节活动受限。本病可治愈，一般1年左右，但需要配合治疗及功能锻炼，否则，即使治愈，也会遗留不同程度的功能障碍。

4.【答案】ABE

【解析】手术治疗适用于6个月至12岁的非手术失败或斜颈明显的患儿。常用手术方法为胸锁乳突肌胸骨头和锁骨头切断术，重症者可以切除胸锁乳突肌。

5.【答案】ADE

【解析】股骨头血供为：旋股内侧动脉为股骨头的主要血管，还有部分来自关节囊反折部，在小儿，小凹动脉经圆韧带给股骨头供血，在骺板不与其他血供交通，成年后其渐闭塞。儿童股骨颈骨折发生股骨头坏死的比例明显高于青壮年；儿童股骨颈骨折以低位经颈骨折为主。

6.【答案】ABD

7.【答案】BDE

【解析】腰椎间盘突出症：是因椎间盘变性、纤维环破裂，髓核突出刺激或压迫神经根、马尾神经所表现的一种综合征，是腰腿痛最常见的原因之一。

8.【答案】CE

【解析】膝关节弓状韧带复合体包括：腓侧副韧带；腘肌腱；腓肠肌外侧头。

9.【答案】BCDE

【解析】肩袖又叫旋转袖，是包绕在肱骨头周围的一组肌腱复合体。肩袖由冈上肌、冈下肌、小圆肌和肩胛下肌这四块肌肉的肌腱组成。肱骨头的前方为肩胛下肌腱，上方为冈上肌腱，后方为冈下肌腱和小圆肌腱，这些肌腱的运动导致肩关节旋内、旋外和上举活动。

10.【答案】DE

【解析】参与椎体连接的结构：椎间盘、前纵韧带、后纵韧带。

11.【答案】BC

【解析】正中神经支配大部分鱼际肌；尺神经支配骨间肌；手背外侧半皮肤由桡神经支配；尺神经深支支配拇收肌。

12.【答案】ABCE

【解析】肩关节脱位在关节脱位中占首位，其中前脱位者多见。方肩为其特有的畸形，Dugas征阳性是其特有的体征。以手法复位为主，一般在局麻下进行。常用的方法有Hippocrates法、Kocher法和Stimson法。听到响声和感到弹动提示复位成功，再做Dugas征应由阳性转为阴性。复位后应屈肘90°，腋窝处垫棉垫，上臂置于胸侧固定，用三角巾悬吊患肢二三周，以利损伤的关节囊等软组织愈合。防止发生习惯性肩关节脱位。Bigelow法是复位髋关节后脱位的常用方法。

13.【答案】CE

【解析】骨肿瘤的生长方式有3种：①膨胀性生长；②浸润性生长；③外生性生长。

14.【答案】ADE

【解析】尿酸增高不是恶性肿瘤的化验检查指标，酸性磷酸酶升高仅是前列腺癌骨转移实验室指标，贫血为多数恶性肿瘤的共有表现，并非骨肿瘤特有。

15.【答案】AC

【解析】人工髋关节置换适用于：①陈旧性股骨颈骨折：头臼均已破坏并疼痛，影响功能者；②股骨头缺血性坏死：股骨头已塌陷、变形、髋臼已有破坏者，可行全髋关节置换术；③退行性骨关节炎：多见于老年人，对有严重疼痛的骨关节炎者、人工股骨头置换效果不佳者，应行人工全髋关节置换术。

三、共用题干题

1.【答案】B

【解析】诊断依据：①反复弯腰、扭转

动作最易引起椎间盘损伤；②腰痛和坐骨神经痛，并且典型坐骨神经痛是从下腰部向臀部和大腿后方、小腿外侧直到足部的放射痛；③直腿抬高试验及加强试验阳性。

2.【答案】A

【解析】CT 检查可显示骨性椎管形态，黄韧带是否增厚及椎间盘突出的大小、方向等，对本病有较大的诊断价值。MRI 除有 CT 的优点外，尚可更清晰全面地观察到突出髓核与脊髓、马尾神经、脊神经根之间的关系。

3.【答案】A

【解析】腰椎间盘突出好发于腰 4～5 和腰 5～骶 1 间盘，前者累及腰 5 神经根，后者累及骶 1 神经根。腰 5 神经根受累可出现踝及趾背伸力弱，小腿前外侧和足内侧皮肤感觉改变；骶 1 神经根受累可出现踝及趾跖屈力弱，外踝附近和足外侧皮肤感觉改变。

4.【答案】A

【解析】患者有外伤史，查体：神志淡漠，股骨下端有成角畸形。股骨干骨折出血量可达 300～2000ml 不等，患者已存在神志淡漠，故首先应检查患者生命体征。

5.【答案】E

【解析】患者出现右足背动脉搏动弱，足发凉，色苍白，出现动脉搏动弱，末梢凉，则考虑并发主要动脉损伤，故应手术探查血管，患者右股骨下 1/3 螺旋形骨折，为不稳定性骨折，患者现生命体征平稳，最佳治疗方式为：切开复位，内固定加探查血管。

6.【答案】E

【解析】中年女性患者，右股骨上端疼痛 3 周，查体：右股骨上端肿胀，压痛，右髋关节活动受限。X 线片：右股骨颈及转子下溶骨性骨破坏，既往有乳腺癌病史。则首先考虑乳癌骨转移。

7.【答案】E

【解析】考虑患者为中年女性患者，X 线提示：右股骨颈及转子下溶骨性骨破坏，首选保肢 + 化疗，则 E 选项符合。C 选项近年来很少实施此类术式。A、B、D 并不能达到治疗疾病很好的效果。

8.【答案】A

【解析】患者既往有乳腺癌病史，并已出现骨转移，乳腺癌血行转移最常见的转移部位为肺，需行胸部 X 线检查有无肺部转移。

9.【答案】B

【解析】骨显像（骨 ECT）对于转移性骨肿瘤的诊断具有很高的灵敏度。在肿瘤转移的早期就伴有局部骨组织代谢异常，因此骨显像发现恶性肿瘤骨转移灶可较 X 线摄片早 3～6 个月。成人骨转移多见于乳腺癌、肺癌、肝癌、前列腺癌等，骨显像应为此类患者的常规检查项目之一。恶性肿瘤患者如主诉有固定的骨骼疼痛，但实验室各项检查及 X 线摄片等显示正常结果时，应做骨显像以早期发现转移病灶。

10.【答案】B

【解析】女性患者，摔倒时右手掌着地。右腕肿胀，压痛，活动受限，畸形不明显，鼻烟窝处有压痛；X 线片未见有骨折征象。由于畸形不明显，则首先排除 C、D、E 选项，鼻烟窝处有局限性压痛，则考虑诊断为右腕舟骨骨折。

11.【答案】C

【解析】由于局部畸形不明显，X 线片未见骨折征象，则急诊行腕关节－前臂石膏固定，2 周后再行 X 线片检查即可。

12.【答案】E

【解析】腕舟状骨骨折后近折端易发生缺血性骨坏死。

13.【答案】D

【解析】骨肉瘤是最常见的恶性骨肿瘤，好发于青少年，好发部位为股骨远端、胫骨近端和肱骨近端。病变发生在干骺端，主要表现为局部疼痛，多为持续性，渐重，夜间痛加重。伴有全身恶病质。检查可见表皮温度升高，静脉怒张，肿块界限不清，可有病理骨折。X 线表现可有成骨性的骨硬化灶，或溶骨性破坏，骨膜反应可见 Codman 三角或日光放射现象。

14. 【答案】D

【解析】骨肉瘤早期易形成肺转移，故治疗前应常规行胸部 X 线检查。

15. 【答案】C

【解析】骨肉瘤属恶性肿瘤，近些年来对于患有骨肉瘤的年轻患者首选化疗后保肢、病灶扩大切除，肿瘤假体置入治疗，以尽可能地保留患者日后生活质量，手术前后应行化疗，避免转移，扩散。

16. 【答案】D

【解析】患者有手掌被利器刺伤史，查体中指呈伸直位，感觉障碍，手指苍白发凉，Allen 试验阳性，则考虑肌腱 + 神经 + 血管损伤。故诊断为：左中指屈指肌腱，两侧指固有神经和指动脉开放性损伤。

17. 【答案】C

【解析】患者受伤 2 小时，则可进行清创后修复屈指肌腱、神经，吻合动脉，缝合创口。

四、案例分析题

1. 【答案】ACE

2. 【答案】C

【解析】患者既往有颈肩痛，偶伴左手麻木，近来上肢痛反复发作，2 天前有外伤史，左臂痛加剧，查体：左拇指、示指及中指背侧触觉减退，Eaton 试验（ + ），根据临床表现及查体，患者为典型的神经根型颈椎病，为明确诊断还需行颈椎正侧位 X 线片以确定颈椎曲度以及外伤后有无骨折、脱位等。颈椎 MRI 确定有无神经受压、椎管狭窄等。肌电图以鉴别周围神经、神经元、神经肌肉接头及肌肉本身有无病变。

3. 【答案】ABCDEF

【解析】需与颈椎病相鉴别的有：①偏头痛；②雷诺综合征；③梅尼埃病；④脑动脉硬化；⑤肩周炎；⑥胸廓出口综合征；⑦腕管、肘管综合征；⑧肋间神经痛；⑨进行性脊肌萎缩症；⑩椎管内肿瘤；⑪多发性硬化；⑫颈椎隐裂；⑬强直性脊柱炎；⑭颈椎结核；⑮尺神经炎；⑯颈背部筋膜炎。

4. 【答案】D

【解析】此患者为神经根型颈椎病，既往症状较轻，一般状况好，四肢肌力 5 级，无其他病理反射，则术式应选择为颈椎前路单间隙减压植骨内固定术。

5. 【答案】AC

【解析】颈椎前路单间隙减压植骨内固定术手术遵循的基本原则是：脊髓、神经组织的减压；恢复椎间隙的高度。

6. 【答案】ABCFC

【解析】颈椎前路手术的优点：手术切口小，术后恢复快；手术主要切除突出变形的椎间盘，对于伴有骨赘增生者还能去除增生的骨赘，以及两侧钩椎关节，以免残留可能的致压物；符合颈椎病的病理生理特点；直接解除病灶对脊髓硬膜囊、神经根及椎动脉的压迫；术中及术后的并发症少。无论颈椎前路还是后路的手术，术后都需颈部支具固定，故 D 项本身错误。E 项为颈椎后路手术的优点。

模拟试卷七

一、单选题

1.【答案】A

【解析】狭窄性腱鞘炎好发部位为拇指。

2.【答案】C

【解析】肩袖是包绕在肱骨头周围的一组腱肌复合体，肱骨头的前方为肩胛下肌腱，上方为冈上肌腱，后方为冈下肌腱和小圆肌腱。

3.【答案】C

4.【答案】B

5.【答案】B

6.【答案】B

7.【答案】E

8.【答案】A

【解析】行清创术时最好不用止血带(大血管破裂时例外)。

9.【答案】D

10.【答案】C

11.【答案】B

12.【答案】B

13.【答案】B

14.【答案】C

15.【答案】D

16.【答案】B

17.【答案】B

18.【答案】D

19.【答案】B

20.【答案】D

21.【答案】C

22.【答案】B

23.【答案】E

24.【答案】D

25.【答案】D

26.【答案】C

27.【答案】D

28.【答案】B

29.【答案】A

30.【答案】C

31.【答案】D

32.【答案】C

【解析】磁共振是诊断股骨头坏死的黄金标准。MRI 在早期诊断股骨头坏死的灵敏性及准确率方面明显优于 CT 和 X 线平片。

33.【答案】C

34.【答案】A

35.【答案】C

二、多选题

1.【答案】ABC

【解析】属于稳定骨折的有：尺骨青枝骨折；股骨颈骨折 Garden 分型Ⅰ型；胫骨裂纹骨折。

2.【答案】BCD

【解析】颈椎病中神经根型表现为手部麻木无力；可有心动过速等交感神经表现；骨赘压迫食管可引起吞咽困难，严重者可以导致截瘫。神经根型颈椎病是颈椎病中最常见的一种，约占60%。

3.【答案】ACDE

【解析】先天性马蹄内翻足术后并发症包括：空凹足；平足；矫枉过正；跖内收和腓骨肌力弱；术后僵硬和强直。

4.【答案】ABCDE

【解析】强直性脊柱炎骶髂关节 X 线改变中期表现特点为：关节间隙狭窄、骶髂关节明显骨质破坏，关节面硬化、囊变，关节部分强直、关节面皮质中断。关节边缘增生与腐蚀交错呈锯齿状，髂骨侧骨致密带增宽。

5.【答案】ABCD

【解析】关节成形术（包括人工关节置换术）治疗类风湿关节炎和强直性脊柱炎的适应证为：关节破坏严重，功能障碍，不宜做关节融合术；关节已骨性或纤维性强直；

关节周围皮肤条件及肌肉力量较好；病变基本静止，红细胞沉降率接近正常，关节破坏严重，疼痛、不稳、功能障碍十分明显，但因受累关节数目较多，不宜做关节融合术；受累关节数目虽不多，病人坚决不愿做关节融合术者；受累关节已骨性或纤维性强直，生活和工作十分不便者；关节周围皮肤条件及肌肉力量较好，虽有关节畸形，但不会造成假体安装失败者；患者一般情况较好，无发热、贫血及心、肺、肝、肾等功能障碍者。

6. **【答案】** ABC

【解析】 骨肉瘤的新治疗方案为：术前化疗；术前化疗的评估；手术。骨肉瘤的新治疗方案还包括术后化疗。

7. **【答案】** ABCDE

【解析】 骨盆坐骨支骨折，可能刺破直肠，使直肠菌群感染盆腔，应及时清创并修补裂口。

8. **【答案】** ABCDE

【解析】 胸椎结核截瘫的原因包括：椎体后缘骨嵴压迫，脊髓变性；结核性病变物质压迫；病理骨折脱位；椎管内纤维组织增生压迫；脊髓血管栓塞。各种原因导致的脊髓压迫及缺血，均可能导致截瘫。

9. **【答案】** DE

10. **【答案】** ABCDE

11. **【答案】** CE

12. **【答案】** BE

【解析】 多数髋关节滑膜结核起病缓慢，全身结核中毒症状不显著。最初时，髋部轻痛，休息减轻，疼痛为最早出现的症状。还可发现痛性跛行。早期有关节肿胀，但由于髋部肥厚而不易被察觉。单纯的髋关节滑膜结核X线片多无明显发现，仅可表现为患侧髋臼与股骨头骨小梁变细、骨皮质变薄，关节间隙可增宽。

13. **【答案】** ABCDE

14. **【答案】** ABCDE

【解析】 恶性肿瘤的保肢重建技术有：关节融合术；人工假体置换术；肿瘤灭活再植术；带血管自体骨移植术；旋转成骨术。恶性肿瘤的保肢重建技术还包括骨延长术、同种异体骨关节移植术等。

15. **【答案】** ABCDE

【解析】 神经肉瘤的特点包括：起源于周围神经鞘，由恶性纤维母细胞组成；多发于躯干大神经近侧，可压迫神经；出现时即已ⅡB期病变；治疗以手术切除、放射治疗为主。神经纤维肉瘤切面呈灰白色。

三、共用题干题

1. **【答案】** B

2. **【答案】** C

【解析】 进一步检查发现该患者胫前肌有收缩，但不能带动关节活动，其他肌肉肌力正常，此胫前肌的肌力为Ⅰ级。根据患者幼年时的病史及患者左下肢症状诊断为脊髓灰质炎后遗症。

3. **【答案】** B

4. **【答案】** B

5. **【答案】** B

6. **【答案】** A

7. **【答案】** B

【解析】 脊髓型颈椎病可有锥体束征阳性、皮肤感觉减退等症状。由于CT成像技术可以精确评估骨化灶的位置、大小和形状，临床上经常被用来评估骨化的严重程度。颈椎管狭窄时，牵引治疗易导致神经压迫更加严重。伸腕肌为C_6、C_7支配。

8. **【答案】** C

9. **【答案】** E

10. **【答案】** D

11. **【答案】** B

12. **【答案】** D

【解析】 股骨颈骨折Garden分型分为4型，第Ⅳ型为完全骨折完全移位。随着股骨颈骨折移位程度递增，不愈合率与股骨头缺血坏死率随之增加。由于股骨颈骨折的患者多为老年人，尽快手术可以大大减少骨折并发症发生及原有心肺疾病的恶化。

13. **【答案】** C

14.【答案】E

15.【答案】C

16.【答案】C

【解析】通过患者关节晨僵，对称性受累进行性加重等临床表现可以初步诊断类风湿关节炎。双膝关节活动度在本题中无任何直接诊断类风湿关节炎的意义。类风湿关节炎早期累及关节滑膜。患者膝关节关节间隙明显变窄，关节周围有骨赘增生，且年龄较大，可考虑行膝关节表面置换术。

四、案例分析题

1.【答案】BF

2.【答案】ABDH

3.【答案】A

4.【答案】C

5.【答案】ABCDEGH

【解析】患者红细胞沉降率及C反应蛋白高，考虑存在感染性疾病，腰椎结核、腰椎椎间隙感染的可能性较大。应进一步行辅助检查明确病变部位及性质。辅助检查提示L椎体下缘、S椎体上缘有破坏、死骨形成，腰部脓肿，并且根据既往病史，诊断患者为L_5/S_1椎间盘结核复发。患者病变较重，应立即行手术治疗，以阻止病情进一步恶化。腰椎结核可转移至其他部位造成损伤与破坏。

6.【答案】E

7.【答案】E

8.【答案】AD

【解析】骨关节炎患者多见于老年人群，可累及单或多关节，可出现晨僵，但时间短于30分钟，血沉多正常，X线可见关节边缘骨质增生、骨赘形成、软骨下骨质硬化、关节间隙狭窄、关节腔内游离体等多种改变。

模拟试卷八

一、单选题

1.【答案】A

2.【答案】E

3.【答案】A

4.【答案】E

5.【答案】B

6.【答案】B

【解析】寰枢椎半脱位多发生于7～12岁儿童，常为呼吸道感染、咽喉脓肿等导致。

7.【答案】A

8.【答案】B

9.【答案】E

10.【答案】D

11.【答案】B

12.【答案】B

13.【答案】E

14.【答案】E

15.【答案】E

【解析】患者低热、盗汗、消瘦病史4个月，患肢X线片显示右髋关节关节间隙稍宽，考虑为右髋关节结核，故治疗方法为卧床休息、营养、牵引、全身抗结核药物治疗。

16.【答案】D

17.【答案】C

18.【答案】E

19.【答案】C

20.【答案】E

21.【答案】B

22.【答案】B

23.【答案】E

24.【答案】A

25.【答案】B

26.【答案】D

27.【答案】E

28.【答案】E

29.【答案】B

30.【答案】E

31.【答案】E

32.【答案】D

33.【答案】E

34.【答案】A

35.【答案】D

二、多选题

1.【答案】ABCE

【解析】锁骨骨折的并发症包括：骨折不愈合；骨折延迟愈合；血管、神经损伤；感染等。下肢深静脉血栓形成多见于久卧床的患者，锁骨骨折患者不需久卧床。

2.【答案】BD

【解析】膝关节外侧副韧带断裂时常见的伴发损伤有：后交叉韧带断裂；腓总神经损伤等。

3.【答案】ABCD

【解析】脊髓性颈椎病的主要原因有：连续性后纵韧带骨化；颈椎间盘急性突出；椎体后缘骨赘；颈椎骨折脱位直接压迫；增生、肥厚的黄韧带等。

4.【答案】DE

【解析】类风湿脊柱炎的治疗目的为：防止不可逆神经损害的发生；防止因未被发觉的神经受压造成突然死亡；避免不必要的手术。

5.【答案】BC

【解析】对桡骨的描述中：上端膨大被称为桡骨头；桡骨头周围有环状关节面；下端内面有尺切迹。

6.【答案】BCDE

【解析】严重创伤后常见并发症主要有：休克；感染；脂肪栓塞综合征；急性肾衰竭；应激性溃疡。神经精神疾病不属于严重创伤后的常见并发症。

7.【答案】BDE

【解析】骨折愈合过程中：膜内化骨慢于软骨内化骨，内骨痂慢于外骨痂；骨痂由血肿机化而来，较大的血肿不利于骨愈合。

8. 【答案】BCDE

【解析】骨折切开复位内固定的适应证是：①骨折累及关节面有显著移位，不宜手法复位，或手法未能复位或复位后不能保持位置者（如肱骨髁、股骨髁、胫骨髁及踝关节骨折等）应切开复位。骨折合并同一骨骼的关节脱位。②一骨数处骨折或同一肢体的股骨和胫骨骨折，或多发性骨折。③有明显移位的撕脱骨折。④两骨折端之间有软组织嵌入，手法松解失败者。⑤骨折合并主要血管或神经损伤，在修复血管或神经前，必须先行切开复位术，恢复骨架的支撑作用。⑥伤员未能及时就医，来院时已不能进行手法复位或牵引复位治疗，而骨折移位明显，日后势必影响肢体功能者。⑦某些血液供应有障碍的骨折。⑧有明显移位的骨骺骨折，复位不良或两骨折端不能紧密接触者。

9. 【答案】ABD

【解析】关节僵硬的主要原因是水肿、反复损伤、被动性牵拉、手法松解、感染、异物刺激、长期石膏固定、不正确的钢针内固定、钢板内固定、手术创伤、碰伤后得不到及时治疗、肿胀不消、骨折愈合后不及时锻炼等，都能导致关节强直的发生。凡是发生关节炎的关节，尤其是风湿样萎缩性关节炎最容易周围固定而引起僵硬。例如，急性化脓性炎症、类风湿关节炎、强直性脊柱炎、骨关节炎、化脓性关节炎和骨结核等所致的关节强直等。

10. 【答案】CE

【解析】在前臂前群肌中，起点在肱骨内上髁的肌为：旋前圆肌；掌长肌；指浅屈肌。

11. 【答案】AE

【解析】桡动脉行于肱桡肌的桡侧缘。正常人的脉搏和心跳的次数一致。

12. 【答案】ACD

【解析】肢体热缺血时间多于 6 小时或更长时间考虑截肢，脾破裂和神经挫裂伤非截肢指征。

13. 【答案】BCE

【解析】神经根型主要发病于中、老年人，发生率仅次于颈型。病因主要由于颈椎、椎间孔、邻近组织粘连，关节错位等病变使神经受压刺激所致，其中以颈 5、6、7 神经受累多见。其症状是受累一侧单根或几根的神经根由颈部向肩、臂、前臂及手部呈电击样放射，常为钻痛或刀割样痛，多数还可表现为患侧上肢沉重无力、麻木等感觉，病程较长者可发生肌肉萎缩，咳嗽、打喷嚏、上举、头颈过伸或过屈等活动诱发加剧。检查患者颈项强硬、活动受限，颈生理前凸变小，颈部有多处压痛点，最有诊断意义的是相应颈椎两侧有放射性压痛。压头试验、上举试验、臂丛神经牵拉试验常为阳性。X 线检查示：颈椎生理前凸减小或消失，椎间隙变窄，钩椎关节骨刺，椎间孔缩小，少数有椎体或关节脱位等改变。

14. 【答案】DE

【解析】脊髓灰质炎后遗症期的畸形主要由于肌力不平衡、肌肉痉挛、重力作用、其他因素所致，所以脊髓灰质炎后遗症多与运动系统有关。鸡胸、方颅是由于缺钙及维生素 D 所致。

15. 【答案】BCD

【解析】血生化检查可以作为观察病情转归的重要参考指标；临床大部分骨肉瘤患者碱性磷酸酶升高，在手术和化疗后碱性磷酸酶明显下降，溶骨性和成骨性骨肉瘤碱性磷酸酶均可升高；骨内瘤复发或转移，碱性磷酸酶可再度升高。

三、共用题干题

1. 【答案】C

2. 【答案】A

3. 【答案】B

4. 【答案】E

【解析】根据患者临床表现可以排除腰

椎管狭窄。患者可行 X 线检查直观判断腰椎生理曲度以及椎骨状态。从 X 线片可以明确发现患者为 L_5 椎弓峡部裂并 L_5 前滑脱 I 度。选择后入路 $L_{4\sim5}$ 椎间盘切除 + 椎间 Cage 融合 + 后路椎弓根钉系统内固定可以使患者得到最为合适的治疗。

5. 【答案】E

6. 【答案】C

7. 【答案】E

【解析】该患者应预防内出血导致的失血性休克。CT 检查可清晰显示患者骨折情况，判断骨折块数量。可通过 CT、MRI 判断患者股骨头有无缺血坏死。

8. 【答案】B

9. 【答案】B

10. 【答案】E

11. 【答案】C

【解析】抢救伤员，应先判断患者基本生命体征。股骨中段骨折失血量较大，通常可达 1000ml 左右。患者创口污染较轻，应用髓内钉为其适应证，通过髓内钉动力化促进骨愈合。

12. 【答案】C

13. 【答案】A

14. 【答案】C

15. 【答案】E

【解析】患者摔倒后，其力学方向不易导致肱骨髁上骨折。肩关节脱位时，以前脱位最为常见。翼状肩胛常见于前锯肌和斜方肌麻痹。肱骨外科颈骨折易损伤腋神经。

16. 【答案】E

17. 【答案】B

【解析】臂丛由第 5 ~ 8 颈神经前支和第一胸神经前支大部分组成。臂丛五个根的纤维先合成上、中、下三干，由三干发支围绕腋动脉形成内侧束、外侧束和后束，由束发出分支主要分布于上肢和部分胸、背浅层肌。臂丛神经主要支配上肢和肩背、胸部的感觉和运动。上臂丛神经根（颈 5 ~ 7）损伤致肩关节不能外展与上举，肘关节不能屈曲等。肌皮神经起自臂丛上干，自外侧束发出向外下斜穿喙肱肌，经肱二头肌和肱肌之间下行，发出分支支配此三肌。

四、案例分析题

1. 【答案】ACE

2. 【答案】C

3. 【答案】ABCDE

4. 【答案】E

【解析】患者常感颈肩部酸痛，偶伴左手麻木，可知患者可能患有颈椎病，又根据 MRI 提示可初步判断为神经根型颈椎病。当患者摔伤后，病情加重，首先考虑患者有无颈椎骨折及神经损伤。可行颈椎前路椎体次全切除植骨内固定术，使患者的神经压迫症状得以充分缓解。

5. 【答案】C

6. 【答案】ABCD

7. 【答案】ABD

【解析】患者反复高热、骶尾部疼痛，$L_4 \sim L_5$ 棘突及骶骨部压痛、叩痛，考虑脊柱发生感染性病变，急性化脓性脊椎炎可能性大。

模拟试卷九

一、单选题

1. 【答案】E
2. 【答案】D
3. 【答案】C
4. 【答案】D
5. 【答案】D
6. 【答案】A
7. 【答案】D
8. 【答案】C
9. 【答案】C
10. 【答案】B
11. 【答案】D
12. 【答案】A
13. 【答案】E
14. 【答案】D
15. 【答案】E
16. 【答案】B
17. 【答案】A
18. 【答案】A
19. 【答案】B
20. 【答案】E
21. 【答案】E
22. 【答案】B
23. 【答案】E
24. 【答案】C
25. 【答案】D
26. 【答案】C
27. 【答案】C
28. 【答案】C
29. 【答案】C
30. 【答案】C
31. 【答案】C
32. 【答案】C
33. 【答案】B
34. 【答案】C
35. 【答案】E

二、多选题

1. 【答案】ABD

【解析】脊髓灰质炎后遗症关节融合术须待患儿年龄13岁以上，骨骼发育成熟后才能进行。手术的目的是恢复患肢功能，预防和矫正畸形。骨关节畸形严重，适应骨性手术矫正。

2. 【答案】ABCE

【解析】骨肿瘤的生化检查：浆细胞可产生抗体，浆细胞骨髓瘤时总蛋白浓度可升高；广泛性溶骨性转移，骨钙转变为血钙，血清钙常升高；前列腺癌扩散，血清酸性磷酸酶升高；碱性磷酸酶主要分布于骨骼中，成骨性骨肿瘤中血清碱性磷酸酶升高。碱性磷酸酶广泛分布于组织液和血液，由于肿瘤的高代谢状态，其正常基本排除肿瘤。

3. 【答案】ABDE

【解析】骨软骨瘤不产生疼痛，常因偶然摸到肿块，或X线检查发现肿瘤。骨软骨瘤的X线表现为骨性病损自干骺端突出，因软骨帽和滑囊不显影，肿瘤的骨质影像与其所在部位干骺端的骨质结构完全相同，难以区别。

4. 【答案】ACE

【解析】肉芽组织是新生的富含毛细血管的幼稚阶段的纤维结缔组织。肉芽组织由新生的薄壁毛细血管以及增生的成纤维细胞构成，并伴有炎性细胞浸润。炎性细胞中常以巨噬细胞为主，也有多少不等的中性粒细胞和淋巴细胞。

5. 【答案】ABCD

【解析】骨性关节炎患者，消炎镇痛药不宜长时间服用。

6. 【答案】ABCDE

【解析】产生脊柱退变性侧弯的常见原因为退变，小关节失去稳定，如增生及半脱位；椎间盘退变；骨质疏松及椎体塌陷；椎体和棘突旋转。骨质疏松也可以加重脊柱退变性侧弯。

7.【答案】ABCDE

【解析】化脓性关节炎好发于儿童、老年体弱和慢性关节病患者，男性居多，男女之比（2~3）:1。受累的多为单一的肢体大关节，如髋关节、膝关节及肘关节等。50%以上的致病菌为金黄色葡萄球菌，其次为链球菌、肺炎双球菌、大肠埃希菌、流感嗜血杆菌等。感染以血源性感染最多见，少数为感染直接蔓延。化脓性关节炎急性期主要症状为中毒的表现，患者突有寒战高热，全身症状严重，小儿患者则因高热可引起抽搐。局部有红肿疼痛及明显压痛等急性炎症表现；晚期可发生关节骨性或纤维强硬及畸形等。

8.【答案】ABC

【解析】关节面、关节囊、关节腔为关节的基本结构。关节在摩擦力或压力较大的地方有滑囊。

9.【答案】ABCD

【解析】病灶清除术适用于任何部位有明显死骨、较大的脓肿或经久不愈的窦道，也用于非手术治疗未能控制的单纯骨结核或滑膜结核，以及脊椎结核合并截瘫者。病灶清除术不适于全身衰弱及全身广泛的多发性结核，以及伴有心脏、肾脏疾患的患者，也不适于急性活动期的骨关节结核。此外，老年及幼儿也应慎重使用。

10.【答案】ABCDE

【解析】骨与关节结核是最常见的肺外继发性结核，其中脊柱结核最多见，约占50%，膝关节结核和髋关节结核各占约15%。骨关节结核可以出现在原发性结核的活动期，但多数发生于原发病灶已经静止，甚至痊愈多年以后。脊柱结核绝大多数发生于椎体，附件结核仅有1%~2%。中心型椎体结核多见于10岁以下的儿童，边缘型椎体结核多见于成人。单纯滑膜结核中以膝关节较多，其次为踝和髋。

11.【答案】BCDE

【解析】先天性髋脱位的继发性病变包括腰脊柱侧凸、腰前凸增加、腰肌劳损、脊柱创伤性关节炎、双侧脱位患儿会阴部变宽、单侧脱位患儿有下肢不等长。行走期双侧髋关节脱位的患儿有跛行步态、鸭步。

12.【答案】ABCD

【解析】断指再植、断臂再植、股薄肌移植矫治面瘫、骨膜游离移植等手术中需要注意神经情况，故须镜下操作；桡动脉吻合则不需要。

13.【答案】ACDE

【解析】与卧床相比，早期下床活动可使患者的疼痛和肿胀改善得更快。深静脉血栓患者穿用弹力袜可改善疼痛和肿胀症状，长期穿用可能会抑制血栓增长并减少血栓后综合征。抗凝、溶栓均有益处。

14.【答案】BCE

15.【答案】ABCDE

三、共用题干题

1.【答案】D

2.【答案】D

3.【答案】A

4.【答案】A

5.【答案】E

6.【答案】E

【解析】该患者应诊断为右上臂完全离断伤，因为仅有少量皮肤相连，其余组织完全离断。该患者的治疗方案应选择断肢再植术。患者术后20小时，出现的如上症状是静脉栓塞或痉挛的表现。此时的处理方法为解除压迫因素，再血管解痉，观察1小时后若不见好转再手术治疗。

7.【答案】B

8.【答案】E

【解析】该患者应立即补液、输血，预防休克的发生。正确的治疗方法是立即手术探查受损血管并修复血管，骨折复位内固定，再加适当的外固定。

9.【答案】B

10.【答案】C

11. 【答案】E

【解析】最可能的诊断为右腕舟骨骨折，注意提示性信息：鼻烟窝处有压痛，X线片未见骨折征象。急诊采取的措施应为前臂石膏固定，2周后再行X线片检查，E选项中的康复理疗时间太早。

12. 【答案】A

13. 【答案】A

14. 【答案】D

15. 【答案】D

16. 【答案】A

17. 【答案】C

18. 【答案】C

【解析】根据病史，该患者最有可能是右髋关节脱位。为尽快明确诊断，双髋正侧位X线片最为合适。髋关节的分型为前脱位、后脱位和中心脱位，前脱位又可分为耻骨上部脱位和闭孔脱位。髋关节脱位的合并症有髋臼骨折、股骨头骨折、坐骨神经损伤、股动静脉损伤。该患者的处理方法最好是手法复位，因新鲜髋关节脱位应立即行手法复位。

四、案例分析题

1. 【答案】E

2. 【答案】ABCDEG

3. 【答案】A

4. 【答案】E

5. 【答案】ABE

6. 【答案】ABCDE

【解析】根据病史，该患者有可能的诊断是右肱骨干中下段骨折合并桡神经、桡动脉损伤，因为查体显示右桡动脉搏动细弱，右手拇指背伸不能，伸腕肌力Ⅲ级。肱骨干骨折好发于中部，其次为下部，上部最少。肱骨外科颈骨折易合并腋神经损伤；肱骨下1/3骨折易合并骨不连接。直接暴力多造成肱骨中1/3骨折，传导暴力多造成肱骨中下1/3骨折，旋转暴力多造成肱骨中下1/3交界处骨折，多为螺旋骨折。肱骨干骨折开放复位内固定的适应证：闭合性骨折中，骨折端嵌入软组织；手法复位失败；肱骨有多段骨折；开放骨折；同一肢有多处骨和关节损伤者；肱骨骨折合并血管或桡神经损伤者；该患者的正确诊断是：右肱骨中下1/3骨折合并桡神经、肱动脉损伤；该患者的治疗方案应为切开复位+桡神经、肱动脉探查+钢板内固定。

模拟试卷十

一、单选题

1. 【答案】D
2. 【答案】A
3. 【答案】A
4. 【答案】D
5. 【答案】D
6. 【答案】B
7. 【答案】E
8. 【答案】C
9. 【答案】C

【解析】类风湿关节炎最合适的治疗是免疫调节药 + 非甾体类抗炎药物，激素冲击治疗不适用于类风湿关节炎的治疗。

10. 【答案】C
11. 【答案】D
12. 【答案】B
13. 【答案】C
14. 【答案】A
15. 【答案】E
16. 【答案】D
17. 【答案】B
18. 【答案】A
19. 【答案】D
20. 【答案】B
21. 【答案】C
22. 【答案】A
23. 【答案】D
24. 【答案】C
25. 【答案】B
26. 【答案】E
27. 【答案】C
28. 【答案】C
29. 【答案】D
30. 【答案】D
31. 【答案】B
32. 【答案】E
33. 【答案】B
34. 【答案】C
35. 【答案】D

二、多选题

1. 【答案】ABDE

【解析】先天性马蹄内翻足的畸形包括：足下垂、前足内收、前足内翻、后足内翻。先天性马蹄内翻足由足下垂、内翻、内收三个主要畸形综合而成。是以后足马蹄、内翻、内旋，前足内收、内翻、高弓为主要表现的畸形疾病。

2. 【答案】ABCDE

【解析】急性血源性骨髓炎的治疗措施：全身支持疗法；早期联合应用大剂量抗生素，后再依据药敏试验进行调整；早期用持续皮牵引或石膏托固定于功能位；卧床休息，增加营养。用夹板或石膏托限制活动，抬高患肢，以防止畸形，减少疼痛和避免病理性骨折。

3. 【答案】ACDE

【解析】参与椎弓连接的结构是：黄韧带、棘间韧带、横突间韧带、关节突关节，此外还有棘上韧带。

4. 【答案】ACDE

【解析】椎动脉型颈椎病的临床表现：眩晕、头痛、精神症状、视觉障碍和猝倒。此外，还有发音障碍，自主神经症状在临床上以胃肠、心血管及呼吸系统症状为多。

5. 【答案】ACE

【解析】疲劳性骨折常好发于第二跖骨，由长期反复的轻微伤力引起，疲劳性骨折，又称行军骨折或应力性骨折。多因骨骼系统长期受到非生理性应力所致，好发于胫骨、跖骨和桡骨，临床上无典型的外伤史，早期 X 线平片通常为阴性，容易漏诊或误诊。

6.【答案】AB

【解析】髋关节后脱位的特有体征：患肢缩短，患髋呈屈曲、内收、内旋畸形，可在臀部摸到脱出的骨头。髋关节炎等均可出现患髋疼痛、髋关节不能活动。

7.【答案】BCE

【解析】手外伤清创时应注意：骨折与脱位均应当时给予复位固定；尽量充分保留皮肤；清创时尽可能修复深部组织。手外伤清创应争取在6~8小时内进行，如果出现较严重的出血，可行局部按压，或者在上臂用皮带或皮筋进行环扎止血。

8.【答案】ACD

【解析】椎管是一骨纤维性管道，其前壁由椎体后面、椎间盘后缘和后纵韧带构成，后壁为椎弓板、黄韧带和关节突关节。

9.【答案】ABCDE

10.【答案】ABCE

11.【答案】ABCDE

12.【答案】ABD

【解析】临床检查半月板损伤常用的试验：旋转试验；研磨试验；蹲走试验。抽屉实验是指用于前交叉韧带的检查。侧方应力试验是将小腿被动外展或内收，外展则为外展应力试验，常用于合并交叉韧带损伤的检查。

13.【答案】ABCDE

【解析】掌中间隙：位于中间鞘的尺侧半，起自掌腱膜桡侧缘，包绕手指屈肌腱和第1蚓状肌，其深面附着于第3掌骨。掌中间隙位于掌中间鞘尺侧半的深部，是手部的三个掌深间隙之一，桡侧界为掌腱膜边界与第三掌骨间的外侧纤维隔。

14.【答案】ABCDE

15.【答案】ABCD

【解析】骨关节结核病灶清除术适应证包括：病灶内有大块死骨或脓肿；脊柱结核伴有截瘫；瘘道长期不愈；单纯滑膜结核或单纯骨结核非手术治疗无效者。此外，还包括单纯性骨结核髓腔内积脓压力过高者，脊柱结核伴有冷脓肿、死骨、截瘫长期不愈的窦道及有较多脓液排出者。E选项为病灶清除术的禁忌证。

三、共用题干题

1.【答案】B

2.【答案】E

3.【答案】D

【解析】肱骨髁上骨折多见于5~12岁儿童，有外伤史，伤后肘关节局部不能活动，肿胀明显；肘部骨性三角关系存在，表示未脱位。通常将骨折分为伸直型和屈曲型，根据骨折移位情况伸直型又分为伸直尺偏型和伸直桡偏型。肘内翻是常见的髁上骨折晚期畸形，在整复骨折复位后1周，拍X线正位片，根据骨痂在骨折端内、外分布情况预测肘内翻发生与否。在临床上肘内翻绝大部分由肱骨远端骨折后畸形愈合所致，但少部分可由肱骨远端骨骺生长发育不平衡所引起。

4.【答案】C

5.【答案】B

6.【答案】E

【解析】长期反复的外力造成轻微损害，加重了椎间盘退变的程度。腰痛是大多数腰椎间盘突出症患者最先出现的症状，也会表现为坐骨神经痛；患者直腿抬高试验及加强试验阳性合并马尾神经受压表现。CT检查对腰椎间盘突出症有较大的诊断价值，可较清楚显示椎间盘突出的部位、大小、形态和神经根、硬脊膜囊受压移位的情况。严重影响生活及工作是手术适应证。

7.【答案】B

8.【答案】D

9.【答案】B

【解析】急性血源性骨髓炎患者有毒血症表现，病变处有一个明显的压痛区，白细胞计数和中性粒细胞比例增高并有核左移，早期的X线表现为层状骨膜反应与干骺端骨质稀疏，分层穿刺液培养具有很大的价值。病灶清除适应证之一为死腔存在，窦道形成后伤口长期不愈，新骨增生已形成可替代原有骨干的包壳。

10. 【答案】B

11. 【答案】B

12. 【答案】C

【解析】肱骨大结节骨折，少数为单独发生，大多系肩关节前脱位时并发。患者肩关节脱位时伤肩肿胀、疼痛，主动和被动活动受限，患肢弹性固定于轻度外展位，肩三角肌塌陷，呈方肩畸形，关节盂空虚，Dugas征（+）。高度怀疑肩关节后脱位时应加摄腋位X线片或穿胸侧位X线片，则可发现肱骨头脱出位于肩胛盂后侧。

13. 【答案】D

14. 【答案】D

【解析】晨僵持续时间与类风湿关节炎的严重程度成正比，因此问诊时应注意晨僵及持续时间。X线片可检查腕、掌指、近端指间等关节情况。

15. 【答案】A

【解析】开放性骨折有骨端外露这不宜复位，应原位固定。

16. 【答案】D

【解析】对软组织损伤和污染严重的Ⅲ度开放性骨折清创也难有绝对把握清除污染的细菌，若开放伤变为闭合伤，则易增加感染发生的风险。

四、案例分析题

1. 【答案】A

2. 【答案】AB

3. 【答案】A

4. 【答案】ACDEF

5. 【答案】A

6. 【答案】C

【解析】膝关节疼痛是膝关节骨关节炎的主要症状，关节处于某一位置过久后，疼痛最为明显，稍加活动即可减轻；但活动过多时，由于膝关节摩擦又感疼痛。有些膝关节晚期患者还可能出现一些下肢畸形，以膝内翻最常见。膝关节假体感染是全膝关节置换术的严重并发症，如发生需取出假体清洗。

7. 【答案】A

8. 【答案】E

9. 【答案】DF

【解析】骨巨细胞瘤临床上有关节疼痛，肿瘤接近关节腔时，出现肿胀、疼痛和功能障碍。X线表现为病灶位于干骺端，呈偏心性、溶骨性、膨胀性骨破坏，边界清楚，有时呈皂泡样改变，多有明显包壳。局部穿刺活组织病理检查可确诊。

10. 【答案】CDEF

【解析】骨巨细胞瘤以手术治疗为主，采用切除术加灭活处理，再植入自体或异体骨或骨水泥，但易复发。对于复发者，应做切除或节段截除术或假体植入术。属 $G_{1\sim2}T_{1\sim2}M_0$ 者，采用广泛或根治切除，化疗无效。具体方法有：①病灶切除灭活植骨术，易复发；②瘤段切除人工假体置换术；③广泛或根治切除术，④可采用放疗，但放疗后易肉瘤变；化疗无效。对于少数骨巨细胞瘤恶性变或肺转移的患者，可采用大剂量MTX全身化疗。而局部采用MTX可降低局部复发率。放疗适用于处理残存的微小病变，使病灶得到长期控制，但不适合于不能切除的巨大肿瘤病灶，此类患者极易转变为放疗后肉瘤。

模拟试卷十一

一、单选题

1.【答案】B

2.【答案】C

3.【答案】D

4.【答案】C

5.【答案】B

6.【答案】E

7.【答案】B

8.【答案】D

9.【答案】E

10.【答案】C

11.【答案】C

12.【答案】B

13.【答案】E

14.【答案】E

15.【答案】B

16.【答案】A

【解析】多数为溶骨性，也有少数为成骨性。

17.【答案】E

18.【答案】E

19.【答案】D

20.【答案】D

21.【答案】D

22.【答案】D

23.【答案】D

24.【答案】A

25.【答案】A

26.【答案】C

27.【答案】D

28.【答案】C

29.【答案】E

30.【答案】B

31.【答案】B

32.【答案】D

33.【答案】A

34.【答案】E

35.【答案】B

二、多选题

1.【答案】ABCE

【解析】骨关节炎初期轻微钝痛，并不严重，以后逐步加剧；骨关节炎的 Thomas 征阳性、膝关节浮髌试验阳性、关节交锁征阳性。X 线平片于早期无明显异常，约数年后方逐渐出现关节间隙狭窄。

2.【答案】ABCDE

3.【答案】ACD

【解析】全髋关节置换术的禁忌证为：年龄超过 80 岁的股骨颈骨折患者；骨骼未成熟；局部感染；神经性关节病。此外还有患肢明显短缩。

4.【答案】ACD

【解析】脓性指头炎的治疗：早期可采用热盐水浸泡、热敷、理疗、抬高患肢、中药外敷及应用抗生素。如出现指端剧烈疼痛，肿胀明显，触诊指腹张力增高，即应行切开引流并从侧面切口引流。

5.【答案】ABCDE

【解析】影响骨折愈合的局部因素：局部血液供应、骨折断端的形态、骨折断端的固定、感染。

6.【答案】BCE

【解析】正中神经损伤：若损伤部位在腕部或前臂肌支发出处远端，手的桡侧出现感觉障碍。若在肘部或其以上部位损伤时，拇指与示指不能主动屈曲。拇指处于手掌桡侧，形成“猿形手”畸形，拇指不能外展，不能对掌及对指。

7.【答案】ABCDE

【解析】骨盆骨折可能出现的并发症有：直肠损伤、尿道损伤、失血性休克、神经损伤、腹膜后血肿。此外，还有出血性休克。

8. 【答案】ACE

【解析】与类风湿关节炎的发病有关的是：变形杆菌；HLA - DR_4；雌/雄激素失调。HLA - B27 与强直性脊柱炎相关。

9. 【答案】BCD

【解析】强直性脊柱炎多发于青年男性；晚期整个脊柱和下肢变成僵硬的弓形，向前屈曲。

10. 【答案】AC

【解析】急性化脓性关节炎和急性血源性骨髓炎的鉴别要点：疼痛在关节处；迅速出现关节肿胀积液；早期关节活动障碍，各方向活动均引起疼痛。关节腔穿刺抽液检查可明确诊断。

11. 【答案】ABCD

【解析】先天性肌性斜颈的病因学说有：遗传学说，宫内学说，血运障碍学说，产伤学说。此外，还有综合学说。

12. 【答案】BD

【解析】鹅足腱是由半膜肌、长收肌构成的联合腱。鹅足是缝匠肌、股薄肌、半腱肌三块肌肉之腱性部分在胫骨近段内侧的附着点，外形类似鹅足，故称鹅足。

13. 【答案】AC

【解析】治疗类风湿关节炎的一线药物：阿司匹林、布洛芬。非甾类抗炎药是类风湿关节炎治疗中最为常用的药物，常用的药物包括双氯芬酸、萘丁美酮、美洛昔康、塞来昔布等。

14. 【答案】BCDE

【解析】可以降低下肢深静脉血栓发病率的方法为：早期下床活动；抗凝药物使用；足底静脉泵；持续应用弹力袜。应当避免术后在小腿下垫枕以影响小腿深静脉回流，此外，应鼓励患者的足和趾经常主动活动，并嘱其多做深呼吸及咳嗽动作。

15. 【答案】ABCD

【解析】断肢再植的禁忌证是：患者精神不正常者；离断时间过长者；断肢（指）毁损严重者；断肢经刺激性液体或其他消毒液长时间浸泡者。此外，还有全身性慢性疾病者，不允许长时间手术或有出血倾向者。

三、共用题干题

1. 【答案】B

2. 【答案】D

3. 【答案】E

4. 【答案】C

【解析】根据患者有无结核接触史或感染史、患者的年龄、临床表现、体温、红细胞沉降率、X 线检查，必要时及时做活体组织检查、动物接种以确定诊断。关节镜检查对早期诊断具有独特价值，可同时活检及行镜下滑膜切除术。膝关节结核早期关节内注射，如无效，应早期手术。

5. 【答案】A

6. 【答案】B

7. 【答案】C

8. 【答案】D

【解析】神经根型颈椎病多伴有明显的颈部痛，与根性痛相伴随的手指麻木、指尖感觉过敏及皮肤感觉减退等为多见。凡增加脊神经根张力的牵拉性试验大多阳性。颈椎正侧位片加张口位片习惯上称颈椎三位片。张口位主要看的是环枢椎，有没有脱位或半脱位及齿突有无偏斜。头颈持续（或间断）牵引、颈围制动及纠正不良体位等非手术疗法均有明显的疗效。

9. 【答案】D

10. 【答案】A

11. 【答案】C

【解析】明显的外伤史，患侧下肢显屈曲、内旋和短缩畸形，大粗隆向后上方达 Nelaton 线之上，臀部可扪及股骨头，患肢呈弹性固定；X 线能确诊并除外骨折，考虑为髋关节后脱位。CT 检查可对关节有否骨碎块作出诊断。部分病例有坐骨神经损伤表现。Allis 法为髋关节脱位的手法复位，也称“提拉法”。

12. 【答案】B

13. 【答案】E

14.【答案】C

【解析】凡疑为骨折者应常规进行X线拍片检查。骨筋膜室综合征是指骨筋膜室内的肌肉和神经因急性缺血、缺氧而产生的一系列早期症候群。又称急性筋膜间室综合征、骨筋膜间隔区综合征。最多见于前臂掌侧和小腿，一经确诊应立即切开筋膜减压。

四、案例分析题

1.【答案】DF

2.【答案】E

3.【答案】F

4.【答案】A

5.【答案】D

6.【答案】ABCF

【解析】根据临床表现初步判断患者左大拇指离断伤，环指、小指指伸肌腱断裂；掌骨骨折。断离下来的肢体其断面用消毒敷料覆盖包扎，以减少感染，设法及时以干燥冷藏方法予以保存。急诊室处理为全面地进行全身和受伤肢体创口、断肢情况的检查，冲洗伤口，包扎止血。摄肢体X线片或加摄头颅、胸部或腹部的平片。比较合理的手术顺序应该是清创术+断指再植术+骨折内固定术+肌腱探查吻合修复术+手筋膜间隙切开减压术，术后注意防治并发症。

7.【答案】ABCE

【解析】骨软骨瘤不产生疼痛，常因偶然摸到肿块，或X线检查发现肿瘤，局部常无压痛。

8.【答案】ABCDEF

9.【答案】D

【解析】骨巨细胞瘤的治疗以手术切除为主，应用切刮术加灭活处理，植入自体或异体松质骨或骨水泥。吻合血管带监测皮岛腓骨移植能够修复大段骨缺损，并能监测吻合血管通常情况。

模拟试卷十二

一、单选题

1. 【答案】A
2. 【答案】C
3. 【答案】D
4. 【答案】B
5. 【答案】A
6. 【答案】C
7. 【答案】C
8. 【答案】A
9. 【答案】C
10. 【答案】E

【解析】抢救生命放在第一位。骨折急救原则是止血、包扎伤口、临时固定。

11. 【答案】E
12. 【答案】D
13. 【答案】D
14. 【答案】C
15. 【答案】A
16. 【答案】C
17. 【答案】E
18. 【答案】A
19. 【答案】B
20. 【答案】D
21. 【答案】C
22. 【答案】D
23. 【答案】C
24. 【答案】E
25. 【答案】A
26. 【答案】B
27. 【答案】B
28. 【答案】A
29. 【答案】D
30. 【答案】C
31. 【答案】B
32. 【答案】D
33. 【答案】D
34. 【答案】D
35. 【答案】D

二、多选题

1. 【答案】ABCDE

【解析】骨折的治疗原则主要有：适当的药物治疗；药物治疗加功能锻炼。治疗骨折的最终目的是使受伤肢体最大限度地恢复功能。因此，在骨折治疗中，其复位、固定、功能锻炼这三个基本原则十分重要。

2. 【答案】ABC

【解析】动脉瘤样骨囊肿的特点：动脉瘤性骨囊肿内细胞可能是恶性；治疗以手术为主，辅以放射治疗。动脉瘤样骨囊肿是一种良性单发骨肿瘤，切除或刮除病变并植骨常可治愈。对脊柱椎体病变在手术切除肿瘤后，应做脊柱融合术以求稳定。

3. 【答案】ABC

【解析】测定股骨大转子上移的标志有：Thomas 征；Gaenslen 征。骶髂关节扭转试验（Gaenslen 征）主要用于检查骶髂关节疾病。托马斯征（Thomas 征）是一种髋屈曲畸形试验，看髋关节是否存在屈曲挛缩、腰大肌脓肿、腰大肌挛缩变的一种检测手段。

4. 【答案】ABDE

【解析】肱骨外上髁炎的临床表现有：肘关节活动不受限；肘关节外侧疼痛，可向前臂外侧放射；有敏感的压痛点。患病初期患者只是感到肘关节外侧酸痛，一般在肱骨外上髁处有局限性压痛点，肘关节伸屈不受影响，但前臂旋转活动时可疼痛。

5. 【答案】BCE

【解析】可导致前臂 Volkmann 缺血性肌挛缩的损伤为：桡骨小头半脱位；肘关节脱位；Colles 骨折。缺血性肌挛缩由于上、下肢的血液供应不足或包扎过紧超过一定时限，肢体肌群缺血而坏死，终致机化，形成瘢痕组织，逐渐挛缩而形成特有畸形。当肱骨髁上骨折处理不当时容易引起 Volkmann 缺血性肌挛缩或肘内翻畸形。

6.【答案】ABCD

【解析】绒毛结节性滑膜炎好发年龄为 20～40 岁。以膝关节最多见，膝关节可触及柔韧肿块，并有弥漫性压痛，甚至可侵蚀骨组织，腱鞘也可发生，手的屈肌腱鞘比较多见，形成孤立性硬韧结节，关节积液可抽出血性和黄褐色关节液。该病不宜保守治疗，手术切除术后有复发可能，应尽早施行手术或放疗以根治病变，阻断其发展及恶变。

7.【答案】BCDE

【解析】适合 8 岁以上儿童先天性髋脱位的治疗方法为：Chiari 截骨术；三联骨盆截骨；Steel 截骨术；原位加盖手术。对于 8 岁以上的患儿如果是单侧在 Y 形软骨闭合前可以做 Pemberton、Dega、三联骨盆截骨，如果 Y 形软骨闭合可以行 Ganz 骨盆截骨。Chiari 骨盆截骨作为一种姑息性手术，对一些患儿也可以取得很好的治疗效果。

8.【答案】AB

【解析】化脓性关节炎早期具有诊断意义的有：全身和局部炎症表现；关节各方面压痛。此外，还有关节积液检查。

9.【答案】BCE

【解析】骨与关节结核的治愈标准：①全身情况良好，体温正常，食欲好，红细胞沉降率正常。②局部无明显症状，无脓肿或窦道。③X 线片显示脓肿消失或钙化，无死骨或已被吸收、替代，骨质疏松好转，病灶边缘骨轮廓清晰或关节已融合。符合上述三项者表示病变已停止。④起床活动一年或工作半年后仍能保持上述三项指标者，表示已基本治愈。⑤若术后经过一段时间的活动后，一般情况变差，症状复发，红细胞沉降率增快，表示疾病未治愈，或静止后又趋活动，仍应继续全身治疗；若 X 线检查再次出现脓肿及死骨，或发现原来病灶清除仍不彻底，应考虑再次手术。

10.【答案】ABC

【解析】腰椎间盘突出症的原因有：椎间盘变性；纤维环破裂；髓核突出刺激或压迫神经根。损伤和退行性变是最常见病因。腰椎间盘突出症以腰 4～5、腰 5～骶 1 发病率最高，约占 95%。

11.【答案】DE

【解析】确诊早期骨、关节结核的可靠依据：豚鼠接种试验；关节液抗酸杆菌检查。此外，还有手术探查及活组织检查。

12.【答案】BCDE

【解析】梨状肌综合征的临床表现为：患肢肌力下降较明显；疼痛是本病的主要表现，以臀部为主，并可向大腿后方和小腿放射；可有疼痛性跛行；可有小腿肌萎缩。梨状肌综合征是引起急慢性坐骨神经痛的常见疾病。

13.【答案】ABCE

【解析】骨折病的表现：关节肿胀僵硬；软组织萎缩；局部骨折疏松；功能障碍。骨折病是指因为骨折及其治疗过程中引起的关节肿胀僵硬、功能障碍、肌肉萎缩、骨质疏松等骨关节固定综合征。

14.【答案】CD

【解析】先天性马蹄内翻足的治疗方法：①婴儿期间应采用单纯手法治疗，由家长学会操作。不宜在麻醉下强力扳正，否则可损伤胫骨下端骨骺。若效果不理想，6 个月后可采用软组织松解术。②对 1～3 岁患儿可在全身麻醉下手法扳正，或加用软组织松解术，然后在矫枉过正位给予石膏固定；对少数矫正效果不理想或严重畸形者，可采用跟骨楔形截骨术等骨关节手术。③对 3 岁以上患儿行手法治疗已很难奏效，应根据畸形和僵硬程度选用软组织松解术、肌腱移位术、截骨矫形术等手术治疗。④10 岁以上患儿，一般骨骼畸形已比较明显，需要做跟骨截骨术、跗骨部三关节融合术、胫骨截骨术（纠正胫骨内旋畸形）等矫正手术，但往往需要同时加用软组织手术。

15. 【答案】ABC

【解析】半月板损伤必需的因素：膝半屈；膝内收或外展；膝受挤压；膝旋转。半月板损伤多由扭转外力引起。当一腿承重，小腿固定在半屈曲、外展位时，身体及股部猛然内旋，内侧半月板在股骨髁与胫骨之间受到旋转压力，而致半月板撕裂。

三、共用题干题

1. 【答案】E

2. 【答案】C

3. 【答案】A

【解析】本题难度较小，知识点须牢记，听诊骨折面摩擦音，凡疑为骨折者应常规进行X线拍片检查。

4. 【答案】C

5. 【答案】B

【解析】患者无结核病症状。腰椎管狭窄症典型的症状可包括：长期腰骶部痛、腿痛，双下肢渐进性无力、麻木，间歇性跛行，行走困难。

6. 【答案】D

7. 【答案】D

【解析】骨肉瘤的突出症状是肿瘤部位的疼痛，由肿瘤组织侵蚀和溶解骨皮质所致。随着病情发展，局部可出现肿胀，在肢体疼痛部位触及肿块，伴明显的压痛。骨肉瘤经病理确诊后，即开始前期的化学或放射性治疗，切除肿瘤组织是骨肉瘤治疗中重要的步骤。

8. 【答案】B

9. 【答案】E

10. 【答案】E

【解析】正中神经损伤时手的桡半侧出现感觉障碍，拇指、示指屈曲受阻。拇指对掌、指功能受限：拇指处于手掌桡侧，形成“猿形手”畸形，拇指不能外展，不能对掌及对指。

11. 【答案】C

12. 【答案】A

13. 【答案】E

【解析】本题难度较小，急性脊髓损伤使用大剂量甲泼尼龙冲击治疗，及时解除脊髓压迫，防治并发症。

14. 【答案】A

15. 【答案】D

【解析】本题难度较小，磁共振效果最佳的是颅脑及其脊髓。

四、案例分析题

1. 【答案】C

2. 【答案】A

3. 【答案】ABCEF

4. 【答案】ABDE

【解析】脊柱结核占全身骨关节结核的首位，其中以椎体结核占大多数，腰椎活动度最大，腰椎结核发生率也最高，胸椎次之，颈椎更次之，至于骶、尾椎结核则甚为罕见。应牢记脊柱结核的手术适应证。脊柱结核并发截瘫是脊柱结核的并发症，早期或病变活动期多由于结核物质如脓肿、干酪样物质、肉芽组织、死骨、坏死的椎间盘等直接压迫脊髓所致。在晚期或愈合期是由于硬膜肉芽组织纤维化增生变厚压迫或脊柱变形畸形或椎体病理性移位造成。

5. 【答案】ABEFG

6. 【答案】B

7. 【答案】B

【解析】该患者下肢血液循环较好，无彩超必要。X线片示：股骨远侧干骺端溶骨和成骨混合性改变，骨质破坏，无膨胀，有Codman三角，考虑为骨肉瘤。新辅助化疗是指术前进行化疗，化疗后手术，术后再进行化疗。其中，术前进行新辅助化疗的意义包括三个方面：第一，杀灭可能存在的微小转移灶，包括血液内的微小转移灶；第二，使肿瘤缩小，边界清楚，为手术创造条件，增加骨肉瘤的保肢率，降低骨肉瘤的复发率；第三，判断化疗效果，便于术后制定化疗方案。当肿瘤坏死率 >90%，证明术前化疗方案有效，术后可以继续进行；当肿瘤坏死率 <70%，说明术后化疗可能需要调整方案。

8. 【答案】DF

【解析】骨肉瘤是高度恶性的骨肿瘤，多发生在年轻人，起源于原始分化不良的细胞，即原始间充质细胞，多见于骨骺生长最活跃的部位，如股骨远端、胫骨、腓骨和肱骨近端。在成骨性骨肉瘤的病例，可以在早期发现血液中骨源性碱性磷酸酶增高，这与该肿瘤的成骨作用有关。

骨外科副主任/主任医师职称考试冲刺押题试卷

模拟试卷一

辽宁科学技术出版社
LIAONING SCIENCE AND TECHNOLOGY PUBLISHING HOUSE

一、单选题

以下每道考题有5个备选答案，请选择1个最佳答案。(每题1分，共35分)

1. 多发开放性骨折的患者合并创伤性休克，采用损伤控制策略的目的是
   A. 争取解剖复位，以利于患者的早期功能恢复
   B. 避免损伤后生理潜能的进行性耗竭，为计划确定性手术赢得时机
   C. 尽量保肢，减少截肢的概率
   D. 尽可能一期1次完成多处骨折手术，避免多次手术的打击
   E. 避免感染

2. 发生率最高的锁骨骨折的类型是
   A. 锁骨中段1/3骨折
   B. 锁骨近段1/3骨折
   C. 锁骨远段1/3骨折
   D. 胸锁关节脱位
   E. 斜形骨折

3. 发生肱骨头骨折后，缺血坏死的主要原因是损伤了
   A. 旋肱后动脉的分支
   B. 旋肱前动脉的分支
   C. 头静脉
   D. 关节囊
   E. 肱二头肌长头腱

4. 化脓性关节炎的早期表现中，下列哪项是错误的
   A. 关节处疼痛，轻微活动即引起剧痛
   B. 畏寒、高热、全身不适等中毒症状
   C. 关节肿胀及关节腔内积液
   D. 患病关节常呈半屈状态
   E. X线片可见关节间隙消失，骨面呈毛玻璃样

5. 关于肩关节周围炎，下列哪项是错误的
   A. 本病是关节周围多种软组织的慢性炎症
   B. 特征是肩痛，活动限制和肌肉萎缩
   C. 外展、外旋受限最严重
   D. 病变结果为关节软组织钙化
   E. 本病能自愈

6. 男性，25岁。因参加重体力劳动1周后，右肘关节痛。活动劳累后加重，右肘外侧压痛，右肘伸肌腱牵拉试验（Mill试验）（+），皮肤无红肿。首选的诊断是
   A. 肘关节骨性关节病
   B. 肘关节化脓性关节炎
   C. 肱骨外上髁炎
   D. 桡骨环状韧带损伤
   E. 桡神经损伤

7. 患者因车祸头部受伤出现颈部僵硬，为明确有无寰椎椎弓骨折。拟行影像学检查。以下检查中能够明确诊断的是
   A. 颈椎MRI
   B. 颈椎CT
   C. 颈椎X线正侧位片
   D. 开口位X线
   E. 颈部B超

8. 患者，男性，40岁。颈肩部疼痛伴左上肢放射性疼痛半年。体格检查：颈部活动受限，颈部肌肉紧张。左Eaton试验（+）。最可能的诊断是
   A. 臂丛神经损伤
   B. 脊髓型颈椎病
   C. 椎动脉型颈椎病
   D. 神经根型颈椎病
   E. 吉兰－巴雷综合征

9. 下列肢体测量方法中，哪项是错误的
   A. 必须先将两侧肢体放置于对称的位置上来测量长度
   B. 必须在肢体最粗的部位来测量周径
   C. 上肢的长度为肩峰到桡骨茎突尖（或中指指尖）
   D. 下肢的长度为髂前上棘至内踝尖
   E. 下肢的轴线为膝伸直位时髂前上棘和第一趾蹼间的连线，通过髌骨中心

10. 托马斯（Thomas）征是下列哪种畸形
   A. 髋内收、内旋畸形
   B. 髋外展、外旋畸形
   C. 髋屈曲畸形
   D. 髋关节中心脱位
   E. 以上都不是

11. 下列类型的骨折中，最不稳定的是
   A. 嵌插骨折
   B. 斜形骨折
   C. 青枝骨折
   D. 横形骨折
   E. 裂缝骨折

12. 处理开放性骨折最关键的步骤为
   A. 局部应用抗生素
   B. 彻底清创
   C. 一期缝合创口
   D. 二期缝合创口
   E. 改为闭合性骨折

13. 缺血性肌挛缩常继发于下列哪一种损伤
   A. 肱骨干骨折
   B. 肱骨外科颈骨折
   C. 肘关节后脱位
   D. 肱骨髁上骨折
   E. 肩关节脱位

14. 截瘫的并发症不包括
   A. 褥疮
   B. 排尿障碍，泌尿系感染
   C. 呼吸衰竭和肺部感染
   D. 高热
   E. 疲劳性骨折

15. 腰椎间盘突出症引起坐骨神经痛，向下肢放射的典型部位为
   A. 整个下肢痛
   B. 大腿后侧和小腿后侧痛
   C. 大腿前侧，小腿前内侧和足背内侧痛
   D. 大腿后侧，小腿外侧和足背外侧痛
   E. 小腿后侧和足底部痛

16. 下列哪项不是骨折晚期并发症
   A. 损伤性骨化
   B. 骨缺血性坏死
   C. 创伤性关节炎
   D. 急性骨萎缩
   E. 脂肪栓塞

17. 脊髓型颈椎病与下列哪些症状无关
   A. 走路踩棉花感
   B. 上肢发麻，手部肌力弱，持物不稳
   C. 大小便障碍
   D. Eaton 及 Spurling 试验阳性
   E. 不规则躯干和下肢感觉障碍，腱反射亢进，肌张力增高

18. 急性骨髓炎行骨膜下穿刺抽出脓液后，最重要的治疗是
   A. 联合全身应用大剂量抗生素
   B. 局部碘伏纱布填充
   C. 骨皮质局部钻孔或“开窗”引流
   D. 中药治疗
   E. 降温、补液，少量多次输血

19. 膝关节单纯滑膜结核，除全身治疗外，局部治疗首选
   A. 皮肤牵引
   B. 膝关节制动

C. 穿刺抽脓，注入抗结核药物
D. 膝关节灌洗引流
E. 膝关节病灶清除术

20. 下列脊髓灰质炎的临床表现中，哪项是错误的
A. 肌肉萎缩呈弛缓性瘫痪
B. 关节挛缩，形成不同的畸形
C. 行走时鸭行步态
D. 肢体骨骼生长发育迟缓
E. 皮肤感觉正常

21. 骨肿瘤需要截肢的有
A. 骨瘤
B. 早期骨巨细胞瘤
C. 骨软骨瘤
D. 骨肉瘤
E. 骨样骨瘤

22. 骨盆骨折后急诊导不出尿液时首先需考虑
A. 骨盆耻骨支骨折
B. 前尿道损伤
C. 后尿道损伤
D. 出血性休克
E. 输尿管损伤

23. 骨关节结核早期 X 线片表现为
A. 骨空洞形成
B. 骨膜呈絮状增生
C. 边缘不齐的小死骨
D. 关节软骨破坏
E. 骨小梁模糊，呈毛玻璃状

24. 关于胫腓骨骨折的描述正确的是
A. 胫骨下 1/3 骨折可造成小腿下段的缺血坏死
B. 胫腓骨上 1/3 骨折有发生骨筋膜室综合征的可能
C. 腓骨上段骨折可引起足下垂
D. 胫骨上 1/3 骨折可发生延迟愈合或不愈合
E. 腓骨干骨折容易伤及腓总神经

25. 关于关节脱位特有体征的叙述，哪项是正确的
A. 肿胀、畸形、功能障碍
B. 压痛、肿胀、瘀斑
C. 疼痛、畸形、反常活动
D. 疼痛、畸形、弹性固定
E. 畸形、弹性固定、关节空虚

26. 女，35 岁。被确诊为类风湿关节炎，药物治疗 7 个月效果不明显，双膝关节肿胀明显。查体：双膝关节肿胀，触之肥厚感，皮温稍高，关节活动度 0°~120°，X 线片可见关节轻度骨质破坏。正确的治疗方法为
A. 关节穿刺抽液
B. 关节镜下关节清理、滑膜切除术
C. 人工膝关节置换
D. 膝关节融合
E. 休息、制动

27. 前臂缺血性肌挛缩多见于
A. 肱骨髁上骨折
B. 桡骨近端骨折
C. 尺骨鹰嘴骨折
D. 孟氏骨折
E. 盖氏骨折

28. 内生软骨瘤的 X 线表现是
A. 中央透亮的溶骨性破坏
B. 葱皮样骨膜反应
C. 日光放射状骨膜反应
D. 膨胀性低密度区内夹杂钙化斑块
E. 肥皂泡样骨质改变

29. 下述哪种断指易于修复
A. 车门挤伤

B. 菜刀切伤
C. 火器切割伤
D. 撕脱伤
E. 离心机绞伤

30. Charnley 型人工髋关节小头型设计是为了
A. 节省材料
B. 减小头臼之间的摩擦力
C. 减小头臼之间的摩擦系数
D. 减少脱位概率
E. 增加人工髋关节的活动度

31. Maffucci 综合征属于
A. 骨组织肿瘤
B. 软骨组织肿瘤
C. 肌肉组织肿瘤
D. 骨髓组织肿瘤
E. 滑膜组织肿瘤

32. 患者膝关节轻度屈曲时胫骨前方受到外力，伤后膝关节疼痛、肿胀。X 线片发现胫骨平台前方有游离骨块，前抽屉试验阳性。常用的手术内固定方法是
A. 螺钉固定
B. 钢丝固定
C. 克氏针固定
D. 特殊黏合材料固定
E. 小型钢板固定

33. Perthes 病最多发于
A. 4 ~8 岁男孩
B. 10 ~15 岁女孩
C. 2 ~4 岁儿童
D. 4 ~8 岁女孩
E. 10 ~15 岁男孩

34. 对“先天性髋脱位”的叙述，下列错误的是
A. 较常见的先天性畸形，女多于男，左侧比右侧多
B. 发病原因迄今不明
C. 病理发生在髋臼，股骨头、颈，关节囊的原发性病变和继发性病变
D. 早期不需治疗，出现症状时行相应治疗即可
E. 1 岁以内采用带蹬吊带法

35. 对强直性脊柱炎髋关节已强直者，治疗效果最佳术式是
A. 髋关节镜下关节清理术
B. 金属杯成形术
C. 人工半髋关节置换术
D. 人工全髋关节置换术
E. 双杯成形术

二、多选题

以下每道考题有 5 个备选答案，每题至少有 2 个正确答案。(每题 2 分，多选、少选均不得分，共 30 分)

1. 骨肉瘤异体骨半关节移植术的手术并发症是
A. 骨折
B. 感染
C. 延缓愈合
D. 不愈合
E. 迟发窦道

2. 对于放射治疗敏感的是
A. 骨髓瘤
B. 脊椎血管瘤
C. 骨巨细胞瘤
D. 尤文肉瘤
E. 软骨肉瘤

3. 关于趾外翻畸形的叙述，正确的是
A. 第 1、2 跖骨夹角超过 10°
B. 跖趾关节突出部有足囊炎
C. 第 2、3 跖骨头下形成胼胝
D. 第 1 跖骨内翻，足趾向外倾斜
E. 足的横弓异常，纵弓正常

4. 处理有移位的肱骨干骨折时
   A. 首先了解有无桡神经损伤
   B. 必须立即行切开复位内固定术
   C. 给予适当的外固定
   D. 必须达到解剖复位
   E. 尽量用肱骨髓内针固定

5. 强直性脊柱炎常累及
   A. 腰椎
   B. 骶髂关节
   C. 肋椎关节
   D. 颈椎
   E. 肩关节

6. 应用非甾体类消炎止痛药治疗骨性关节炎的原则是
   A. 无症状或症状较轻时，不用非甾体类消炎止痛药
   B. 疼痛明显时服用，症状消失后停用
   C. 药物剂量要求足量
   D. 联合使用非甾体类消炎止痛药
   E. 对于年龄较大的患者，应慎重选用非甾体类消炎止痛药

7. 胫骨平台骨折治疗的目的和原则是
   A. 使下陷及劈裂的骨块复位，恢复关节面的平整
   B. 不需矫正膝内翻、膝外翻
   C. 韧带首先不需要重建
   D. 促进骨折早期愈合
   E. 尽量保存膝关节的功能

8. 脊柱骨折并发脊髓损伤的减压手术，主要依据损伤的部位及损伤的类型选择术式，以下叙述正确的是
   A. 椎板骨折下陷压迫脊髓，应做椎板减压
   B. 胸椎压缩骨折对脊髓的压迫主要来自后方，应行后方减压术
   C. 胸椎骨折并脱位于脱位整复后，多能完全解除压迫，不需行侧前方减压术
   D. 腰椎骨折因椎管大，有较多操作间隙，多选用后路
   E. 颈椎骨折多取前路，以取得较好的稳定性

9. 某青年女性，不慎摔倒，右髋部先着地，伤后感到右髋部疼痛，行走时加重，被送到医院就诊。X 线片可疑骨折。下列处理正确的是
   A. 服用跌打损伤药物
   B. 不需复查 X 线片
   C. 立即 CT 检查
   D. 立即 MRI 检查
   E. 对症用药，嘱患者卧床休息，2 周后复查 X 线片

10. 关于高位腰椎间盘突出症，正确的是
    A. SLR（straight leg rising）试验阳性率高
    B. 股神经牵拉试验阳性
    C. CT 或 MRI 一般可明确诊断
    D. 马尾神经症状少见
    E. 大腿前方放射痛明显

11. 稳定颈椎的结构包括
    A. 椎间盘
    B. 前后纵韧带
    C. 项韧带
    D. 黄韧带
    E. 颈部肌肉群

12. 关于脊髓损伤后导尿的叙述，正确的是
    A. 脊髓损伤早期，由于括约肌紧张，应采用留置导尿
    B. 留置导尿的管理重点是尽可能排空尿液
    C. 留置导尿 1 周后，应逐渐改为间歇导尿
    D. 形成自律性或反射性膀胱后，停止

导尿

E. 导尿期间，不应行膀胱冲洗

13. 骨肿瘤诊断的基本原则为
A. 临床表现
B. 免疫学检查
C. 病理检查
D. 放射检查
E. 超声检查

14. 颈椎骨折脱位合并截瘫的严重并发症有
A. 呼吸道感染
B. 心血管系统紊乱
C. 泌尿系统感染
D. 压疮
E. 体温失调

15. 关于骨软骨瘤的病变，下列哪几项是正确的
A. 是最多见的良性骨肿瘤
B. 主要的症状是疼痛性肿块以及突起部位表面皮肤的疼痛
C. 外科切除包括突出的骨、软骨外膜
D. 恶性变较少
E. 一经发现，均应早期手术切除

三、共用题干题

以下每道考题有2~6个提问，每个提问有5个备选答案，请选择1个最佳答案。（每题1分，共15~20分）

（1~3题共用题干）

男性，50岁。连续行走时两侧臀腿痛2年，需间歇性坐下休息。开始能连续行走半小时，随后连续行走时间逐渐缩短，现在行走200米就出现症状，平卧时无症状。查体：腰椎4~5间隙压痛，无放射，直腿抬高左、右均达70°，双下肢感觉、肌力均正常。

1. 其诊断考虑为
A. 腰椎间盘突出
B. 腰骶筋膜炎
C. 腰椎管狭窄症
D. 腰椎滑脱症
E. 腰椎疲劳性骨折

2. 如果X线正侧位片显示：腰4椎体向前Ⅱ度滑脱，通常须再进行哪项检查
A. 腰椎间盘 L_4 ~ S_1 CT平扫
B. 核素骨扫描
C. 双下肢肌电图检查
D. X线片腰椎左右斜位片
E. 抽血化验抗“O”、红细胞沉降率、黏蛋白、类风湿因子

3. 根据该患者的症状体征，腰4椎体Ⅱ度滑脱的X线片最适宜采用哪一种治疗方案
A. 卧硬板床休息4周
B. 长期腰围固定
C. 腰椎管扩大成形术
D. 手术后路间盘、髓核切除减压
E. 脊柱后路内固定，椎间植骨融合

（4~5题共用题干）

男性患者，22岁。车祸造成小腿中上段皮肤裂伤，短缩，成角畸形并有胫骨外露。

4. 首先应用哪项检查
A. 量诊
B. 触诊
C. 叩诊
D. 听诊
E. 视诊

5. 还要做哪项最必要的检查
A. 右胫腓骨中上1/3为中心的包括膝关节在内的正侧位X线片
B. 右胫腓骨CT
C. 血常规检查
D. 右小腿B超检查
E. 右小腿全长X线正侧位平片

（6~9题共用题干）

老年男性，75岁。走路时不慎摔倒，右髋着地。X线片示右股骨颈头下型骨折，Gardon Ⅳ型，一般情况可，化验检查基本正常。

6. 查体股骨颈骨折与股骨转子间骨折的主要区别是
   A. 髋部因疼痛不能活动
   B. 髋部皮下淤血
   C. 患侧下肢外旋60°
   D. 患侧下肢轴向叩击痛
   E. 患侧下肢短缩畸形
7. 关于股骨颈骨折 Garden 分型错误的是
   A. Ⅰ型，不完全骨折
   B. Ⅱ型，完全骨折无移位
   C. Ⅲ型，完全骨折部分移位
   D. Ⅳ型，完全骨折完全移位
   E. Ⅴ型，骨折脱位
8. 关于股骨颈骨折的说法，下列哪项说法不正确
   A. 多发生于老年人
   B. 易发生骨折不愈合
   C. 易发生股骨头坏死
   D. 老年人无手术禁忌证不建议卧床保守治疗
   E. 老年骨折患者较儿童股骨颈骨折患者易发生股骨头坏死
9. 该骨折最适宜的治疗方法是
   A. 卧床皮牵引
   B. 人工半髋关节置换术
   C. 空心钉治疗
   D. 人工全髋关节置换术
   E. 卧床休息

（10～13 题共用题干）
女性，65 岁。全身不适伴多关节对称性肿痛 15 年，晨起关节僵硬达 2 小时，活动后逐渐缓解。近 2 年患者病情加重，行走困难。查体：双手尺偏、纽扣指畸形，双膝关节轻度肿胀、屈曲内翻畸形，活动度范围 20°～80°。X 线检查可见双膝关节间隙明显变窄，骨质疏松，关节周围有骨赘增生。血常规检查：WBC 轻度升高，红细胞沉降率 80mm/h，RF（+）。

10. 最可能的诊断是
   A. 类风湿关节炎
   B. 骨性关节炎
   C. 痛风性关节炎
   D. 膝关节滑膜炎
   E. 创伤性关节炎
11. 下列哪项对诊断无决定性意义
   A. 晨僵达 2 小时
   B. 多关节对称性肿胀 15 年
   C. RF（+）
   D. 多关节对称性肿痛
   E. 双膝关节活动范围 20°～80°
12. 这种关节炎早期主要的病变部位是
   A. 关节软骨
   B. 骨组织
   C. 关节滑膜
   D. 关节液
   E. 关节内半月板
13. 目前该患者最佳的治疗方法应该是
   A. 休息、膝关节制动
   B. 膝关节表面置换术
   C. 膝关节融合术
   D. 关节切开、滑膜切除术
   E. 膝关节镜下关节清理术

（14～16 题共用题干）
女孩，10 岁。左小腿上段进行性疼痛 4 个月余，偶有短时间发热。查体：左小腿上段外侧方可触及一质硬包块，有轻微压痛。左下肢 X 线片示：左侧腓骨骨干边界模糊，存在不规则的破坏区，周围呈“葱皮样”反应骨形成。

14. 在采集病史时应特别注意询问
   A. 有无低热、盗汗及慢性咳嗽病史
   B. 有无左下肢外伤史
   C. 有无左小腿局部红、肿、热、痛病史
   D. 有无活动后左下肢疼痛
   E. 服用抗炎药控制发热的效果
15. 如果经活组织检查证实为 Ewing 肉瘤，则其最可能来源于
   A. 成骨细胞

B. 成纤维细胞
C. 软骨细胞
D. 骨髓细胞
E. 未成熟的骨细胞

16. 除骨核素扫描外，对评估病情及判断预后最不可缺少的辅助检查是
A. 患处 B 超扫描
B. 胸部 X 线摄片
C. 患肢三维骨重建 CT 检查
D. 测定血钙、血磷、碱性磷酸酶、酸性磷酸酶
E. 血常规检查

四、案例分析题

每个案例至少有 2 个提问，每个提问有多个备选答案，其中正确答案有 1 个或几个。(每选择一个正确答案得 1 分，每选择错一个答案扣 1 分，直至本题扣至 0 分，共 15 ~ 20 分)

(1 ~4 题共用题干)

男性，40 岁。2 小时前手臂被机器碾压伤，局部疼痛、肿胀、畸形、活动障碍。X 线片提示肱骨中下段粉碎性骨折。

1. 查体时应特别注意
A. Froment 征
B. 有无屈肘功能障碍
C. 有无伸腕功能障碍
D. 有无屈腕功能障碍
E. 夹纸试验
F. 有无伸肘功能障碍

2. 出现下列哪些情况，需立即行急诊手术复位内固定
A. 骨折片移位较重
B. 局部皮肤有挫裂伤口
C. 观察期间，局部肿胀逐渐加重
D. 桡动脉搏动消失
E. 前臂外侧皮肤感觉减退
F. Froment 征

3. 经过闭合复位临时固定 1 周，局部肿胀消退，没有出现其他并发症。准备采用牢固的外固定，以下哪些固定方法最适当
A. 胸肱石膏
B. 悬吊石膏
C. 上臂外展支架
D. 单臂外固定支架
E. 管状石膏

4. 如果患者闭合复位失败，经适当的术前准备后行切开复位，钢板螺丝钉内固定，手术满意，固定坚强可靠。术后多久可开始进行肩肘关节功能锻炼
A. 麻醉恢复即刻
B. 术后 3 天
C. 术后 2 周
D. 术后 1 个月
E. 术后半年
F. 术后 3 个月

(5 ~7 题共用题干)

15 岁女孩，左大腿下端疼痛伴高热 1 天。体温达 39. 5℃，怀疑为急性化脓性骨髓炎。

5. 体格检查最有力的证据是
A. 左股骨下端皮肤有波动感
B. 左股骨下端（干骺端）深压痛
C. 左股骨下端肿胀
D. 左大腿下端局部血管充盈怒张
E. 左膝关节因疼痛活动受限
F. 左大腿下端皮肤发红

6. 有价值的辅助检查包括
A. X 线摄片检查
B. MRI 检查
C. 血培养
D. 局部分层穿刺，送检
E. 血常规检查
F. ECT 检查

7. 若已确定诊断，合适的治疗方法为
A. 营养支持治疗
B. 全身大量使用广谱抗生素
C. 待急性期过后行病灶清除术
D. 输液、纠正水电解质紊乱
E. 钻孔引流 + 开窗减压

F. 石膏、夹板、皮牵引等行患肢抬高和制动

(8～10 题共用题干)

患者男，18 岁，左小腿酸痛 5 个月，外伤后加重 1 天。1 年前体育锻炼后出现腰部酸痛，经热敷，服消炎止痛药物治疗后 1 个月好转。5 个月前无明显诱因出现左小腿上部酸痛，并向小腿后外侧放射至足跟上方。疼痛开始呈间歇性，阴雨天加重，休息后减轻，逐渐发展为持续性。3 个月前在当地医院就诊，行腰部 CT 及 MRI 检查诊断为腰椎间盘突出症，行消炎镇痛，卧平板床等保守治疗，效果不理想。2 个月前左小腿上部扪及一包块，再次到当地医院就诊，诊断为坐骨神经痛，经局部封闭后疼痛有缓解，而后逐渐自觉左下肢活动不灵活。1 天前患者洗澡时不慎跌倒，左小腿上部疼痛加剧。查体：T 36.8℃，BP 110/80mmHg，P 72 次/分钟，R 20 次/分钟，一般情况可，心肺腹无异常，腰椎生理曲度尚存，无明显压痛和叩痛，左小腿上端内侧扪及约 3cm×4cm 大小肿块，肿块较固定，质韧，有明显压痛，右膝关节活范围，屈伸 0°～120°，其他关节活动正常，左侧跟腱反射消失，右侧正常，双侧巴氏征阴性。X 线片示左胫骨上段溶骨性破坏，骨皮质边缘毛糙，部分中断，病变边界不清，其内可见斑点状密度增高区，周围可见不规则组织包块。CT 示左胫骨上段溶骨性破坏，散在致密灶，其后方可见软组织包块。MRI 示左胫骨近端呈虫蚀状骨质破坏，破坏区周围可见软组织肿块，呈分叶状，其内及边缘围以低信号包膜及索条状分离，病灶信号混杂，呈等 T1 长 T2、混杂短 T1 长 T2 信号改变。实验室检查：血常规和肝功能正常，血沉 2mm/h，RF 阴性，抗“O”阴性，血清碱性磷酸酶（AKP）60U/L（15～121U/），血清钙 2.45 mmol/L（2.1～2.7mmol/L），血清磷 1.24mmol/L（0.8～1.6mmol/L）。

8. 该患者首先应考虑以下哪种诊断
   A. 左腿急性骨髓炎
   B. 左胫骨上段骨软骨瘤
   C. 骨结核
   D. 转移性骨肿瘤
   E. 慢性骨髓炎
   F. 原发性恶性骨肿瘤
9. 如果明确诊断尚需行哪些检查
   A. 超声检查
   B. 局部与胸部 X 线检查
   C. 局部检查
   D. CT 检查
   E. 尿本－周蛋白测定
   F. 穿刺活检或手术活检
10. 应选择下列哪些治疗措施
   A. 病灶刮除＋植骨
   B. 病灶不处理，严密观察
   C. 瘤段切除，假体植入
   D. 新辅助化疗
   E. 放射治疗
   F. 截肢或保肢术

骨外科副主任/主任医师职称考试冲刺押题试卷

模拟试卷二

辽宁科学技术出版社
LIAONING SCIENCE AND TECHNOLOGY PUBLISHING HOUSE

一、单选题

以下每道考题有5个备选答案，请选择1个最佳答案。(每题1分，共35分)

1. 骨折愈合的第二期是
   A. 血肿机化演进期
   B. 原始骨痂形成期
   C. 骨痂改造塑形期
   D. 膜内化骨吸收期
   E. 软骨化骨吸收期

2. 下述哪项不是导致骨折延迟愈合或不愈合的因素
   A. 感染
   B. 软组织嵌插
   C. 反复多次复位
   D. 低蛋白血症，甲亢
   E. 没有应用内固定

3. 下述哪项为骨肉瘤的特点
   A. 生长缓慢
   B. X线摄片呈“日光射线”样影
   C. 局部无发热，无静脉曲张
   D. 肿块活动，边缘清楚
   E. 关节邻近骨端增大

4. 腰椎间盘突出常见的临床症状是
   A. 间歇性跛行
   B. 腰部活动受限
   C. 双下肢麻木
   D. 腰痛伴坐骨神经痛
   E. 大小便失禁

5. 有关急性骨髓炎哪项正确
   A. 最常见的致病菌是大肠埃希菌
   B. 多发生在骨干
   C. 主要的感染途径是血源性感染
   D. 老年人抵抗力弱，最易发病
   E. 主要的感染途径是淋巴系统

6. 髋关节脱位发生率最高的是
   A. 前脱位
   B. 后脱位
   C. 中心性脱位
   D. 合并股骨颈骨折的脱位
   E. 合并转子间骨折的脱位

7. 拇指功能及修复的原则为
   A. 占全手功能的40%以上，如受到损伤后应尽可能地予以修复或再造
   B. 占全手功能的30%，如受到损伤后必须再造
   C. 占全手功能的30%，损伤后应尽可能地修复但不必再造
   D. 占全手功能的10%，损伤后修复困难，可予以切除
   E. 占全手功能的10%，损伤不必修复，予以切除

8. 手外伤清创时处理方法不正确的是
   A. 争取在6~8小时内进行
   B. 骨折与脱位均尽可能当时予以复位固定
   C. 对未失活的皮肤尽量充分保留
   D. 肌腱若损伤严重，可二期修复
   E. 注意保护重要的神经和血管

9. 半月板的功能不包括
   A. 关节填充物，匹配关节关系
   B. 增加关节稳定性
   C. 减少关节活动时直接撞击
   D. 传导、传递、分散应力
   E. 产生关节液

10. 复位后不需固定的是

A. 肘关节后脱位
B. 肩关节前脱位
C. 桡骨小头半脱位
D. 掌指关节脱位
E. 髋关节前脱位

11. $C_{4\sim5}$骨折脱位合并脊髓严重损伤可能出现
A. 呼吸心跳抑制
B. 四肢全瘫
C. 上肢正常，下肢瘫痪
D. 下肢痉挛性瘫
E. 下肢弛缓性瘫

12. 肱骨外上髁炎可能出现的症状是
A. 肩部疼痛，活动受限
B. 肘外侧痛并向前臂外侧放射
C. 无痛性肘外侧肿块，挤压消失后又出现
D. 拇指伸屈时疼痛，掌指关节掌面可扪及小结节，有压痛
E. 肘关节常有弹响

13. 下列哪种骨关节结核不适合手术治疗
A. 有明显死骨及脓肿
B. 经久不愈的窦道
C. 早期全关节结核，为抢救关节功能
D. 脊椎结核并截瘫
E. 全身中毒症状严重、体虚

14. 7 岁男孩，突起高热，畏寒 3 天，伴左膝关节肿痛就诊。查体：左侧膝关节明显红肿、压痛，活动时疼痛剧烈，浮髌试验（+）。下列处理哪项不建议进行
A. 局部制动
B. 大剂量静脉注射抗生素
C. 关节内注射抗生素
D. 全身支持疗法
E. 切开充分引流积液并在关节内置管

15. 5 岁男孩，左小腿轻微外伤后发冷发热（39.7℃）5 天。左小腿近端肿胀，剧痛，局部皮温高，肤色正常。白细胞计数 25×10^9/L。X 线片未见明显变化。局部穿刺，针达骨膜下时抽出黄色脓汁。首先应考虑为
A. 急性蜂窝织炎
B. 化脓性膝关节炎
C. 化脓性骨髓炎
D. 膝关节滑膜炎
E. 膝关节结核

16. 臂丛神经的组成为
A. 颈 5 ~ 6 神经
B. 颈 3 ~ 4 神经
C. 颈 5 ~ 8 神经
D. 颈 4 ~ 胸 1 神经
E. 颈 5 胸 1 神经

17. 超过 12 小时的手部切割伤，最适当的处理是
A. 清创、闭合伤口，一期修复神经及肌腱
B. 清创、闭合伤口，神经、肌腱待二期修复
C. 彻底清创，同时修复神经、肌腱，但伤口延期闭合
D. 应争取闭合伤口，同时修复肌腱
E. 闭合伤口，同时修复神经

18. 15 岁女孩，洗浴时无意中触及右大腿下端内侧硬性突起。无疼痛，膝关节运动良好。最可能的诊断是
A. 骨瘤
B. 骨软骨瘤
C. 骨巨细胞瘤
D. 骨囊肿
E. 骨质增生

19. 男性，70 岁。行走时不慎跌倒摔伤右髋

部。查体：右下肢短缩，外旋 50°畸形，右髋肿胀不明显，纵向叩击痛（+）。最可能的诊断是
A. 右髋后脱位
B. 右髋臼骨折
C. 右股骨颈骨折
D. 右股骨转子间骨折
E. 右髋关节囊拉伤

20. 儿童化脓性骨髓炎的脓肿不易进入关节腔的原因是
A. 儿童的关节对化脓性感染抵抗力强
B. 关节囊阻止脓肿蔓延
C. 脓肿容易控制
D. 脓肿容易向软组织溃破
E. 干骺端的骺板起屏障作用

21. 发生筋膜间隙综合征的主要原因是
A. 主要神经损伤
B. 肌肉痉挛
C. 筋膜间隙内高压
D. 病变处形成血肿
E. 病变处血流流速缓慢

22. 外伤致脊髓损伤的患者，入院后哪项检查最能准确地确定脊髓损伤平面
A. 检查感觉平面
B. 检查肢体的运动
C. 腰背部 B 超检查
D. MRI 检查
E. X 线平片

23. 伸直型肱骨髁上骨折好发于
A. 老年女性
B. 老年男性
C. 青年女性
D. 青年男性
E. 儿童

24. 下列哪项不是异体骨移植材料
A. 冷冻骨
B. 冻干骨
C. 脱钙骨
D. 新型骨水泥
E. 新鲜深冻骨

25. 股骨颈骨折愈合过程中不出现外骨痂的原因为
A. 股骨颈无骨内膜
B. 股骨颈外部由滑膜及关节囊覆盖
C. 股骨颈骨折后血肿太多
D. 股骨颈骨折极易损伤血供动脉
E. 复位困难，反复整复

26. 有关腰间盘突出症的表现，下列哪项不正确
A. 可以没有外伤史
B. 可以没有腱反射的改变
C. 大多数患者有排尿困难
D. 疼痛可因咳嗽加重
E. 健侧下肢直腿抬高也可引起疼痛

27. 骨盆骨折最重要的体征是
A. 畸形
B. 合并血尿
C. 骨盆分离、挤压试验（+）
D. 骨擦音及骨擦感
E. 肿胀及瘀斑

28. 骨软骨瘤切除范围是
A. 凸起部分骨段切除
B. 纤维膜，软骨帽
C. 切除肿瘤，稍向深部刮除基底正常骨组织
D. 纤维膜、软骨帽、病骨
E. 纤维膜、软骨帽、病骨，基底周围部分正常骨和骨膜

29. 骨性关节炎最先出现病理改变的关节组织是

A. 骨组织
B. 软骨组织
C. 骨膜组织
D. 关节滑膜
E. 关节液

30. 骨科常用的成人跟骨牵引重量为
A. 3～5kg
B. 4～6kg
C. 5～8kg
D. 6～9kg
E. 10kg

31. 肌电图或诱发电位，主要是检查
A. 肌肉损伤
B. 肌腱损伤
C. 肌肉炎症
D. 神经根压迫症状
E. 周围神经损伤

32. 男，60 岁。右颈肩痛 1 年，伴右手麻 3 个月。查体：颈椎生理弧度消失，颈 5～6 棘突间压痛，右颈肩部肌肉紧张，右手掌桡侧皮肤感觉减退，右肱二头肌反射亢进，霍夫曼征（+）。诊断为颈椎病。在颈椎病的诊断中，以下哪一条是可靠的依据
A. 颈肩部疼痛
B. 颈椎生理弧度消失，颈 5～6 棘突间压痛
C. 患侧霍夫曼征（+）
D. 右手麻木
E. 右手掌桡侧皮肤感觉减退

33. 男性，25 岁。腰背痛 6 年。开始时骼腰部疼痛向双臀部放射。曾在县医院诊断为腰椎间盘突出症。后腰骶部痛减轻，背痛加重，并逐渐出现驼背畸形，双髋活动部分受限，上三楼后气喘、呼吸困难。检查发现脊柱活动明显受限，肺活量明显减少，Thomas 征（+）。血液检查：RF（－），ASO 200U/ml，ESR 54mm/h。初步诊断应首先考虑
A. 类风湿关节炎
B. 腰椎管狭窄症
C. 强直性脊柱炎
D. 脊柱结核
E. 椎间隙感染

34. 关节内骨折最常见的并发症是
A. 创伤性关节炎
B. 关节僵硬
C. 骨化性肌炎
D. 畸形愈合
E. 骨折延迟愈合

35. 男，44 岁。经常从事重体力劳动，拇指掌面基底部疼痛及弹响 1 年，加重 2 周。体格检查：该部位可扪及一小结节，有压痛，伸屈拇指时可感到弹响。最可能的诊断是
A. 腱鞘囊肿
B. 皮样囊肿
C. 神经纤维瘤
D. 狭窄性腱鞘炎
E. 骨质增生

二、多选题

以下每道考题有 5 个备选答案，每题至少有 2 个正确答案。(每题 2 分，多选、少选均不得分，共 30 分)

1. 骨肿瘤的治疗原则是
A. 早期诊断
B. 早期手术
C. 早期放、化疗
D. 早期寻找原发灶
E. 早期行介入治疗

2. 双侧骶髂关节炎加上下列哪些项即可诊断为强直性脊柱炎

A. 胸部疼痛及僵硬感
B. 腰痛 3 个月以上，休息后可缓解
C. 腰椎活动受限
D. 胸廓扩张活动受限
E. 腰部外伤史

3. 在下列骨折中，哪些是完全性骨折
A. 青枝骨折
B. 压缩骨折
C. 裂缝骨折
D. 螺旋骨折
E. 斜形骨折

4. 有关腓总神经损伤，下列哪些是正确的
A. 腓总神经位置表浅，容易受到损伤
B. 腓总神经只有运动支
C. 损伤后可表现为垂足垂趾
D. 断裂后及时吻合修复，肌肉功能可能恢复
E. 石膏固定压迫即可造成损伤

5. 骶骨肿瘤易被误诊为以下哪些疾病
A. 脊索瘤
B. 骨巨细胞瘤
C. 神经纤维瘤
D. 骨囊肿
E. 骶管囊肿

6. 骨巨细胞瘤属于 $G_0T_0M_0$ 的治疗包括
A. 局部刮除、灭活
B. 刮除术加物理或化学处理
C. 松质骨植骨或骨水泥填充
D. 辅助化疗或放疗
E. 患肢截肢

7. 合并脊髓损伤的脊椎骨折脱位一般不发生在
A. 腰段
B. 颈段
C. 骶段
D. 胸腰段
E. 尾段

8. 骨巨细胞瘤的肿瘤细胞为
A. 多核巨细胞
B. 基质细胞
C. 浆细胞
D. 骨母细胞
E. 网织内皮细胞

9. 下列有关支具治疗特发性脊柱侧凸的论述，哪些是正确的
A. 使用支具治疗后，主凸至少纠正 50%，这样停止支具后，才有可能保持矫正适度的度数
B. 根据最初侧凸是否可以接受决定是否采用支具治疗
C. 在支具治疗的第一年内通常效果不明显
D. 根据最初侧凸和最后结果的比决定是否采用支具治疗
E. 以上都正确

10. 股骨颈骨折不容易愈合的因素为
A. 复位困难，反复整复
B. 股骨颈的血液供应较差
C. 患者多为老年人
D. 受到的剪切应力大
E. 内固定不可靠

11. 肘部尺神经损伤出现的症状体征有
A. 前臂尺侧感觉障碍
B. 手部尺侧 1 个半手指感觉障碍
C. 小鱼际肌萎缩
D. 拇指不能屈曲
E. 肘关节不能屈曲

12. 哪些是检查膝关节韧带损伤的方法
A. Apley 试验
B. McMurray 试验

C. 抽屉试验
D. 侧方应力试验
E. Lachman 试验

13. 关于髋关节脱位复位后正确的处理是
A. 休息 3 周即可正常活动
B. 牵引 3 周
C. 拄拐 3 个月
D. 应用活血化瘀药物
E. 患者活动正常后不必进行随访

14. 骨折功能复位的标准是
A. 旋转及分离移位必须完全矫正
B. 向侧方成角与关节活动方向垂直一致可自行矫正
C. 前臂双骨折要求对位对线都好
D. 长骨干要求对位至少 1/2，干骺端要求完全对位
E. 儿童下肢骨折缩短 2cm 以内可自行矫正

15. 骨与关节结核的治疗原则是
A. 提高全身抵抗力，正确使用抗结核药物
B. 控制病灶发展，防治混合感染
C. 尽量保存关节功能预防畸形
D. 关节破坏严重，功能难保存时应固定于休息位
E. 以上均不是

三、共用题干题

以下每道考题有 2 ~ 6 个提问，每个提问有 5 个备选答案，请选择 1 个最佳答案。（每题 1 分，共 15 ~ 20 分）

（1 ~ 2 题共用题干）

男性，40 岁，煤矿工人。被煤块砸伤腰背部后感腰痛，伴双下肢感觉运动障碍及大小便失禁 24 小时入院。查体：腰 1 椎体后突畸形，压痛，腹股沟以下平面感觉运动完全丧失。X 线片示：腰 1 椎体压缩 1/2，向后成角畸形及半脱位。

1. 最恰当的治疗方法是
A. 卧硬板床休息，不必进行其他处理
B. 腰部硬性支具固定，不必进行其他处理
C. 双下肢骨牵引整复骨折脱位
D. 手法复位，卧硬板床及腰背下垫枕
E. 尽早手术复位，椎管减压及内固定

2. 该病的常见并发症应除外
A. 骶尾部褥疮
B. 泌尿系感染
C. 便秘
D. 泌尿系结石
E. 精神系统疾病

（3 ~ 5 题共用题干）

女性，35 岁。3 个月前曾扭伤右膝关节，之后右膝关节内侧疼痛，肿胀逐渐加重。X 线片见右胫骨上端内侧有一 5cm × 5cm 大小透光区，中间有肥皂泡沫阴影，骨端膨大。近 1 个月来肿胀明显加重，夜间疼痛难忍，右膝关节活动受限。入院后 X 线摄片示胫骨上端病变扩大，肥皂泡沫阴影消失，呈云雾状阴影，骨皮质被肿瘤组织穿破，侵入软组织。

3. 该患者最可能的诊断是
A. 骨肉瘤
B. 骨软骨瘤恶变
C. 骨囊肿恶变
D. 骨样骨瘤恶变
E. 骨巨细胞瘤恶变

4. 下列哪项处理最合适
A. 单纯放、化疗
B. 免疫学治疗
C. 介入治疗
D. 截肢
E. 肿块切除

5. 术后应定期进行下列哪项处理
A. 放射疗法
B. 化学疗法
C. 胸部 X 线检查
D. 应用抗生素

E. 患肢局部 X 线检查

(6～8 题共用题干)

男性患者，20 岁。掰腕时闻及右上臂脆响后剧痛，畸形。急诊 X 线片示右肱骨干骨折。

6. 关于肱骨干骨折的说法下列哪项不正确
   A. 肱骨干中下 1/3 骨折易导致骨折不愈合
   B. 该骨折可采用悬垂石膏治疗
   C. 该骨折可采用夹板治疗
   D. 该骨折可采用绞锁髓内钉治疗
   E. 该骨折不易并发血管、神经及周围组织损伤
7. 该骨折最易并发哪条神经损伤
   A. 尺神经
   B. 桡神经
   C. 正中神经
   D. 腋神经
   E. 肌皮神经
8. 该骨折不易出现下列哪种症状
   A. 拇指不能外展
   B. 垂腕
   C. 虎口区感觉障碍
   D. 掌指关节不能伸直
   E. 爪形手

(9～10 题共用题干)

女性，60 岁。右髋部疼痛跛行半年，伴低热，盗汗，纳差及体重减轻。查体：右髋关节屈曲畸形，活动受限，Thomas 征（+）。X 线片示右髋关节间隙变窄，关节面有骨质破坏，右髋臼有直径 2cm 大小空洞，内有小死骨形成。

9. 在抗结核治疗期间右髋大转子处出现一 7cm×6cm 大小包块，表面皮肤发红、皮温较高，有波动感，体温 39℃。为了解大转子处包块的性质，下列穿刺进针部位的选择哪项正确
   A. 包块中央
   B. 于脓肿低位，便于将脓液充分抽出
   C. 于脓肿高位处
   D. 于脓肿外周健康皮肤处
   E. 只要能抽出脓液，进针部位不限
10. 若患者体质极度虚弱，脓液黏稠，且继发感染。针对此脓肿，下列哪项处理最佳
   A. 改用大针头抽脓注入抗生素
   B. 切开排脓，置入抗结核药物，缝合伤口，加压包扎
   C. 加强抗炎治疗及支持治疗
   D. 穿刺置管反复冲洗并注入抗生素
   E. 病灶清除术

(11～12 题共用题干)

某青年在踢足球时扭伤右膝关节，疼痛、肿胀；经过休息后好转，能正常上班，但游泳时疼痛明显。3 个月后经常出现交锁、弹响，肌肉萎缩。

11. 可能的诊断是
   A. 交叉韧带损伤
   B. 侧副韧带损伤
   C. 半月板损伤
   D. 盘状半月板
   E. 关节内软骨挫伤
12. 为明确诊断和及时治疗，最佳的检查措施为
   A. 肿胀部位行 B 超检查
   B. CT
   C. MRI
   D. 关节液送检
   E. 关节镜

(13～15 题共用题干)

3 岁男孩，上台阶时，右手被大人突然牵拉后，哭诉右臂痛，活动受限。查体：右手拒绝取物，肘略屈，前臂略旋前。

13. 最可能的诊断是
   A. 腕关节脱位
   B. 桡骨小头半脱位
   C. 肘关节脱位

D. 肘关节内可疑骨折
E. 肘关节内韧带损伤

14. 应选择的治疗为
A. 切开复位
B. 手法复位
C. 局部冰敷
D. 局部热敷
E. 小夹板固定

15. 治疗后固定时间
A. 无需固定
B. 1 周
C. 3 个月
D. 2 个月
E. 1 个月

(16 ~ 17 题共用题干)
男性，35 岁。车祸 2 小时后来院。一般情况尚好，右小腿中上段皮裂伤 14cm，软组织挫伤较重，胫骨折端有外露，肉眼可见泥沙覆盖于骨折端，出血不多。

16. 在进行 X 线片检查前，应该进行的处理
A. 行简单的外固定及局部包扎
B. 行气压止血带止血
C. 急送手术室
D. 骨折端回纳
E. 跟骨结节牵引

17. 此时最佳的处理方法是
A. 清创术，骨折复位，外固定架固定
B. 清创术，骨折复位，钢板内固定
C. 清创术，骨折复位，髓内针固定
D. 清创术，骨折复位，夹板固定
E. 清创术，根骨结节牵引

四、案例分析题

每个案例至少有 2 个提问，每个提问有多个备选答案，其中正确答案有 1 个或几个。(每选择一个正确答案得 1 分，每选择错一个答案扣 1 分，直至本题扣至 0 分，共 15 ~ 20 分)

(1 ~ 3 题共用题干)
男性，45 岁。左膝肿痛 1 年，反复发作，近 2 个月膝关节活动受限。膝关节内穿刺抽出血性液体、不凝。X 线片示膝关节肿胀、关节面完整、间隙正常，未见关节内游离体。

1. 该患者诊断应考虑为
A. 色素沉着绒毛结节性滑膜炎
B. 滑膜软骨瘤病
C. 骨性关节病
D. 类风湿性关节炎
E. 化脓性关节炎
F. 血友病相关性骨关节炎

2. 治疗不宜采用
A. 膝关节制动石膏托固定
B. 关节穿刺抽液后，关节内注入强的松龙
C. 关节穿刺反复抽液
D. 关节切开，置管充分引流
E. 膝关节镜下滑膜切除术

3. 如果采用手术治疗，术后最应预防
A. 病变复发
B. 双下肢不等长
C. 膝关节屈曲功能受限
D. 膝关节伸直功能受限
E. 跛行
F. 行走时膝关节疼痛

(4 ~ 7 题共用题干)
男性患者，30 岁。近 2 个月来双髋及腰骶部疼痛，夜间疼痛明显。伴呼吸活动轻度受限。

4. 可以考虑下列哪些诊断
A. 类风湿关节炎
B. 强直性脊柱炎
C. 双侧先天性髋关节发育不良
D. 双侧髋关节撞击综合征
E. 腰椎间盘突出症
F. 反应性关节炎

5. 下列关于强直性脊柱炎的说法哪些不正确
A. 本病好发于青年男性
B. 多于髋关节首先发病
C. 可表现为髋关节炎症及活动受限
D. 晚期脊柱可呈竹节样改变

E. 本病可彻底治愈

F. 起病较隐匿，早期可无任何临床症状

6. 如需确诊，下列哪些检查有诊断意义

A. 骶髂关节 X 线片

B. “4” 字试验

C. 抗链球菌溶血素 “O” 测定

D. HLA－B27

E. 红细胞沉降率

F. 血清类风湿因子

骨外科副主任/主任医师职称考试冲刺押题试卷

模拟试卷三

辽宁科学技术出版社
LIAONING SCIENCE AND TECHNOLOGY PUBLISHING HOUSE

一、单选题

以下每道考题有5个备选答案，请选择1个最佳答案。（每题1分，共35分）

1. 可能出现杜加（Dugas）征的疾病是
   A. 肩关节脱位
   B. 肘关节脱位
   C. 锁骨骨折
   D. 髋关节脱位
   E. 肱骨外科颈骨折

2. 男性，25岁。跑步时扭伤膝部2个月，常有“打软”、交锁、疼痛史。查体：膝不肿，关节外侧间隙有压痛，外侧挤压痛（+），前后抽屉试验（-），关节活动正常。最可能的诊断是
   A. 内侧半月板损伤
   B. 外侧半月板损伤
   C. 外侧副韧带损伤
   D. 前交叉韧带损伤
   E. 后交叉韧带损伤

3. 男，13岁。跑动中摔倒，手掌着地，感肘部剧痛，不能屈伸，尚可旋转。检查：肘部肿胀畸形，皮下瘀斑，弹性固定于半伸位。最可能的诊断是
   A. 桡骨近端骨折
   B. 肘关节后脱位
   C. 肱骨髁上骨折
   D. 尺骨鹰嘴骨折
   E. 桡骨头脱位

4. 关于骨折的治疗原则，最正确的是
   A. 复位、固定和功能锻炼
   B. 一般要求解剖复位
   C. 坚持固定与活动相结合
   D. 促进骨质愈合药物的应用
   E. 局部与全身治疗兼顾

5. 成年人股骨头血液供应主要来源于哪条血管
   A. 髓腔内滋养动脉
   B. 骺外侧动脉
   C. 小凹动脉（圆韧带动脉）
   D. 干骺上侧动脉
   E. 干骺下侧动脉

6. 强直性脊柱炎的X线表现特点是
   A. 常蔓延数个椎体，晚期增生明显，骨性融合成块
   B. 早期首先出现骶髂关节病变；晚期韧带钙化呈“竹节样”，椎体无破坏
   C. 累及单个椎体，椎间隙正常，常有椎弓根破坏
   D. 椎体破坏，可有死骨，椎体压缩呈楔形，椎间隙变窄
   E. 骨质增生及间隙变窄，椎体边缘硬化，无骨质破坏

7. 男，35岁。间断发作腰痛伴右下肢麻木3年，CT提示中央型腰椎间盘突出症，经保守治疗缓解。近1个月症状逐渐加重，2小时前出现大小便障碍。首选的治疗方法是
   A. 糖皮质激素硬膜外注射
   B. 绝对卧床休息
   C. 髓核摘除术
   D. 持续牵引
   E. 理疗和按摩

8. 确诊为腰椎间盘突出的患者，手术前除实验室化验检查外，首先最应做的检查是哪项
   A. 腰部B超检查
   B. 腰椎CT

C. 腰椎 MRI
D. 腰椎管造影
E. 腰椎正侧位 X 线平片

9. 人工髋关节置换时，髋臼前倾角应为
A. 40°~50°
B. 大于 60°
C. 小于 40°
D. 30°~45°
E. 10°~15°

10. 人工全髋关节的髋臼内衬常用下列哪种材料做成
A. 聚甲基丙烯酸甲酯
B. 超高分子高密度聚乙烯
C. 过氧化二甲酰
D. 甲基丙烯酸甲酯-苯乙烯共聚物
E. 钛合金

11. 上臂受伤后出现腕下垂，此时最可能的诊断是
A. 肩峰骨折
B. 肩关节脱位
C. 肱骨干骨折
D. 肱骨髁上骨折
E. 肱骨外科颈骨折

12. 手部外伤后，手指不能主动活动，可能的原因是
A. 相关手指的骨骼已骨折
B. 相关手指的血供中断
C. 相关手指的神经断裂
D. 相关手指的肌腱断裂
E. 指间关节或掌指关节脱位

13. 腕关节的功能位是指背伸
A. 5°~10°
B. 10°~15°
C. 20°~25°
D. 25°~30°
E. 30°~45°

14. 膝关节处于半屈曲位，外力撞击胫骨上段前方，可造成
A. 膝关节内侧副韧带损伤
B. 膝关节外侧副韧带损伤
C. 膝关节前交叉韧带损伤
D. 膝关节后交叉韧带损伤
E. 膝关节髌韧带损伤

15. 胫腓骨中 1/3 骨折患者，复位后，用长腿石膏固定，4 个月骨折愈合拆除石膏后发现膝关节功能发生障碍。其原因是
A. 肌肉萎缩
B. 关节僵硬
C. 关节强直
D. 发生缺血性骨坏死
E. 发生缺血性肌挛缩

16. 下述哪项不是骨肉瘤的典型临床表现
A. 多见于年轻人
B. 好发于长骨干骺端
C. 骨膜下三角形新生骨（Codman 三角）
D. 出现中央透亮骨质破坏区
E. 早期肺转移

17. 下述哪种临床表现可确诊为关节脱位
A. 剧痛
B. 局部肿胀
C. 关节弹性固定
D. 局部瘀斑
E. 功能障碍

18. 下列哪项是化脓性关节炎的晚期表现
A. 关节处疼痛，轻微活动即引起剧痛
B. 畏寒、高热、全身不适等中毒症状
C. 关节肿胀及关节腔内积液
D. 患病关节常呈半屈状态
E. X 线片可见关节间隙变窄，骨面毛糙

19. 胸部脊髓横断伤患者刺激足部皮肤时，出现脊髓自主反射，表现为
A. 伸髋、屈膝、背屈踝关节
B. 伸髋、伸膝、背屈踝关节
C. 屈髋、屈膝、背屈踝关节
D. 伸髋、伸膝、跖屈踝关节
E. 屈髋、屈膝、跖屈踝关节

20. 腰椎结核伴有左髂窝脓肿，检查 Thomas 征（+），说明
A. 并发髋关节结核
B. 左下肢有放射性疼痛
C. 左侧髂腰肌受刺激
D. 左股四头肌受刺激
E. 臀大肌受刺激

21. 骨盆坐骨支骨折患者于家中卧床 3 日后因发热而入院，诊断盆腔感染。有关其发病机制，错误的是
A. 因坐骨支骨折刺破直肠形成开放骨折
B. 直肠后组织血运丰富，感染易局限，且易于治疗
C. 早期直肠指诊指套染血是明确诊断的重要手段
D. 及时的清创，修补裂口是预防的关键
E. 若直肠后腹膜撕裂，可进一步发展为腹腔感染

22. 骨肉瘤可见到的骨膜反应不包括
A. Codman 三角
B. "日光射线" 现象
C. 葱皮样变
D. 骨膜增厚
E. 疣状突起样变

23. 有关跟腱断裂的诊断依据，下列哪项是错误的
A. 发力时突感跟后部剧痛
B. 患足感觉障碍
C. 跟腱部可扪及凹陷
D. 患足背屈范围超过健侧
E. 患足单独站立，足跟不能离开地面

24. 有关肱骨外上髁炎，下列哪项错误
A. 持物无力，拧毛巾痛
B. 肱骨外上髁处局限性压痛
C. X 线片正常
D. Mills 征（+）
E. Eaton 试验（+）

25. 有关骨巨细胞瘤，下列哪项是错误的
A. 本肿瘤属于交界性肿瘤
B. 多发于 20～40 岁青壮年
C. 胫骨上端及股骨下端最常见
D. 单纯刮除，植骨可有复发；最好做广泛整块切除
E. 病变多在长骨骨干

26. 有关胫骨结节骨软骨病的描述哪项错误
A. 多见于 10 ～15 岁男孩
B. 治疗以减少活动为主
C. 可自愈
D. 运动后症状加重
E. 禁用止痛药物

27. 有关胸 12 椎体压缩性骨折的保守治疗，最正确的卧床体位是
A. 高半坐卧位
B. 仰卧屈曲位
C. 俯卧过伸位
D. 仰卧过伸位
E. 低半坐卧位

28. 右下肢被机动车轧伤，具备下列哪项可以诊断为骨折
A. 局部高度肿胀
B. 压痛明显
C. 下肢不能自主活动
D. 右下肢异常活动
E. 明显跛行

29. 与原发性增生性关节炎的发生有关的是
A. 年龄大，累积性微小损伤，软骨营养、代谢异常，肥胖、关节负载增加
B. 关节的先天性发育不良和畸形
C. 关节液减少
D. 关节内骨折及脱位
E. 关节的特异性及非特异性感染

30. 运动员百米赛跑途中突然闻及左膝撕裂声，然后倒地。查体：左膝不能主动伸屈，X线片示髌骨中段骨折。考虑造成骨折的原因是
A. 直接暴力
B. 间接暴力
C. 病理性骨折
D. 肌肉剧烈收缩
E. 积累性劳损

31. 指骨X线片示，骨干中心密度减低区骨皮质膨大，边缘整齐，阴影中心有钙化点。最大的可能是
A. 骨囊肿
B. 内生性软骨瘤
C. 骨瘤
D. 骨样骨瘤
E. 急性骨髓炎

32. 肘内翻畸形多见于
A. 伸直型肱骨髁上骨折
B. 肱骨干骨折
C. 尺骨鹰嘴骨折
D. 肱骨髁上骨折晚期
E. 桡骨近端骨折

33. 髋关节结核后遗症常遗留的畸形是
A. 髋关节功能保存
B. 髋关节伸直畸形
C. 髋关节屈曲内收畸形
D. 局部形成脓肿
E. 局部形成窦道

34. 男性患者，72岁。不慎摔倒，伤后感到右髋部疼痛，送往医院检查。X线片显示：右股骨颈头下型骨折，移位明显。该患者既往身体健康，最合适的治疗方法为
A. 下肢中立位皮牵引6~8周
B. 切开复位，内固定，植骨
C. 闭合复位，穿针固定
D. 人工半髋关节置换
E. 人工全髋关节置换

35. 男性，30岁。3天前搬重物后感腰痛，伴右下肢放射痛。咳嗽、喷嚏时症状加重，不能下床活动，以前无类似发作史。查体：腰椎生理弧度消失，活动明显受限，直腿抬高仅达40°，加强试验(+)，右小腿前外侧和足底感觉减退，右踇趾背伸肌力减退。X线平片除腰椎生理弧度消失外，未见其他异常。尿常规正常。其诊断首先考虑为
A. 急性腰扭伤
B. 急性腰椎小关节功能紊乱
C. 腰椎弓根峡部不连
D. 腰4~5椎间盘突出
E. 腰5骶1椎间盘突出

二、多选题

以下每道考题有5个备选答案，每题至少有2个正确答案。(每题2分，多选、少选均不得分，共30分)

1. 尺神经在腕部损伤时，下列描述正确的是
A. 小鱼际肌萎缩
B. 手指内收、外展动作均丧失
C. 拇指内收动作不影响
D. 屈掌指关节及伸指间关节不能
E. 手部尺侧感觉障碍

2. 下列哪些不属于股骨颈骨折后股骨头缺血坏死早期的临床表现
A. 发热

B. 髋关节屈伸活动受限
C. 跛行
D. 疼痛
E. 髋关节内旋、外展受限

3. 强直性脊柱炎的典型 X 线表现为
A. 脊柱竹节样改变
B. 胸廓容积增大
C. 纵行的三条骨化带（两侧骨化的关节突和中间的棘突及骨化的棘上、棘间韧带）贯穿整个脊柱
D. 胸腰椎/腰椎后凸
E. 正常椎体前缘的生理凹陷消失

4. 下列有关化脓性脊椎炎的描述，错误的是
A. 急性化脓性脊椎炎的早期诊断常有一定困难，易与败血症、腰部软组织化脓性感染相混淆，凡疑有化脓性脊椎炎者，均应按本病尽早治疗，边治疗边进一步检查
B. 在确诊或疑为急性化脓性脊椎炎时，应及时给予有效广谱抗生素治疗，待细菌培养及找出敏感抗生素后再及时调整
C. 因切开引流容易造成病灶扩散，故不宜行脓肿引流术
D. 急性化脓性脊椎炎，一旦出现脊髓压迫症状，如下肢无力、感觉改变或尿潴留等症状，应紧急行 CT 扫描检查。如显示为硬膜外有脓肿压迫脊髓时，立即行椎板切除、硬膜外脓肿引流，以防止截瘫加重
E. 凡疑有化脓性脊椎炎者，应立即采用2种或以上抗生素联合应用，尽早控制感染

5. 关于骨与关节结核的临床表现，下列哪些说法正确
A. 常形成流注脓肿
B. 常形成窦道
C. 死骨可经窦道流出
D. 寒性脓肿不会穿破肠管、膀胱等空腔脏器
E. 关节结核可出现梭形肿胀

6. 脊髓灰质炎后遗症包括下列哪些足部畸形
A. 外翻畸形
B. 马蹄足畸形
C. 马蹄内翻足畸形
D. 高弓足畸形
E. 跟行足畸形

7. 人工膝关节置换术适应证包括
A. 骨关节炎
B. 血友病性关节炎
C. 类风湿性关节炎
D. 无症状膝关节强直
E. 大骨节病

8. 下列属于开放性骨折的是
A. 耻骨骨折，尿道断裂
B. 骨折端刺破皮肤及黏膜外露
C. 颅底骨折，脑脊液漏
D. 肋骨骨折，肺破裂、血气胸
E. 骶尾骨骨折，直肠破裂

9. 上肢的结构特征不包括
A. 骨骼轻巧
B. 运动灵活
C. 排列简单
D. 肌肉较少
E. 神经分布简单，由 64 块骨构成

10. X 线片提示距桡骨下端关节面 3cm 内有骨折线，该骨折不可能是
A. Smith 骨折
B. Colles 骨折
C. Monteggia 骨折
D. Galeazzi 骨折
E. Barton 骨折

11. 下述关于关节脱位的说法，哪几项是正确的
   A. 肘关节脱位的发生率比肩关节脱位高
   B. 桡骨小头半脱位常需切开复位
   C. 肘关节脱位复位后需固定屈曲90°位2~3周
   D. 肩关节最常见前脱位，肘关节最常见后脱位
   E. 肩关节脱位容易引起前臂缺血性肌挛缩

12. 关于强直性脊柱炎，下列哪项是正确的
   A. 早期常累及双侧骶髂关节
   B. 多见于年轻男性
   C. HLA－B27 均阳性
   D. 常出现脊柱侧凸畸形
   E. 可累及髋关节，导致关节僵直

13. 关于骨样骨瘤正确的叙述是
   A. 多见于老年人
   B. 好发于股骨、胫骨和腓骨
   C. 疼痛可用阿司匹林止痛
   D. 保守治疗为主
   E. 是骨的良性肿瘤

14. 关于骨髓瘤的叙述，下列哪些是错误的
   A. 多见于儿童
   B. 腰背部剧痛向腹部或下肢放射
   C. Bence－Jones 蛋白阳性
   D. 手术治疗为主
   E. 起源于骨髓造血组织，以浆细胞为主的恶性肿瘤

15. 下列哪些属于稳定性脊柱骨折
   A. 棘突骨折
   B. 两侧腰4、5及横突骨折
   C. 椎体单纯压缩性骨折
   D. 腰4、5椎体、椎板、关节突骨折
   E. 单侧椎弓根骨折

三、共用题干题

以下每道考题有2~6个提问，每个提问有5个备选答案，请选择1个最佳答案。（每题1分，共15~20分）

（1~2题共用题干）

女性，30岁。外伤致肱骨中下1/3骨折，来院检查时发现有垂腕征，垂指畸形。

1. 该患者合并哪条神经损伤
   A. 腋神经损伤
   B. 臂丛神经损伤
   C. 正中、桡神经损伤
   D. 桡神经损伤
   E. 正中、尺神经同时损伤

2. 该患者选择哪种治疗方法痛苦小，稳妥
   A. 立即切开复位，内固定，同时探查并修复损伤神经
   B. 手法复位，外固定架固定
   C. 手法复位，夹板固定
   D. 手法复位，石膏管型固定
   E. 手法复位，悬垂石膏固定，观察2个月，垂腕、垂指无恢复，再行手术治疗

（3~6题共用题干）

女性，30岁。3天前搬重物后感腰痛，伴右下肢放射痛。咳嗽、喷嚏时症状加重，不能下床活动，以前无类似发作史。查体：腰椎生理弧度消失，活动明显受限，直腿抬高仅达40°，加强试验（+），右足外侧皮肤感觉减退，右跟腱反射减弱。X线平片除腰椎生理弧度消失外，未见其他异常。尿常规正常。

3. 其诊断首先考虑为
   A. 急性腰扭伤
   B. 急性腰椎小关节功能紊乱
   C. 腰3~4椎间盘突出
   D. 腰4~5椎间盘突出
   E. 腰5骶1椎间盘突出

4. 下列措施中哪一项不适宜采用
   A. 手术治疗，椎板开窗减压髓核摘除
   B. 卧硬板床休息及药物治疗

C. 骨盆牵引及理疗
D. 封闭治疗（硬膜外注射皮质激素类药物）
E. 口服止痛药，加强腰背肌肉锻炼

5. 经过一阶段治疗，症状缓解后，首选的康复预防措施为
A. 长期佩戴支具进行体力劳动
B. 禁止弯腰活动
C. 减轻体重
D. 腰背肌肉锻炼
E. 下肢肌力锻炼

6. 医师在分析病情时下列哪一项是错误的
A. 腰5神经根受压常表现有伸踇肌力减弱
B. 腰5骶1椎间盘突出通常是骶1神经根受压
C. 腰5骶1椎间盘突出，感觉异常区在外踝部和足外侧
D. 踝反射异常表示腰5神经根受压
E. 患者可同时伴有腰3~4、腰4~5椎间盘突出

（7~10题共用题干）

男性，23岁，长跑运动员。主诉跟腱起点近端4cm处的足跟疼痛1年余。用力蹬地时疼痛加重。检查发现跟腱梭形增粗伴有压痛，前足呈下垂位。

7. 检查中可能并存的体征是哪项
A. 跟腱部分断裂
B. 跟腱挛缩
C. 小腿不等长
D. 跟骨外翻
E. 跟腱钙化

8. 如果疼痛加重，在下列治疗方法中应首选
A. 局部冰敷
B. 物理疗法
C. 局部封闭治疗
D. 石膏制动
E. 按摩

9. 如果不慎在运动中发生跟腱断裂，最恰当的治疗方法是
A. 跖屈位小腿、足背石膏固定
B. 跖屈、屈膝位长腿支具固定
C. 手术修补＋长腿跖屈、屈膝位石膏固定
D. 短期观察，待纤维性连结后逐渐功能锻炼
E. 卧床休息＋物理疗法

10. 为了尽早恢复锻炼，参加运动，下列哪项处理较为合适
A. 石膏固定2个月后拆除石膏＋物理疗法
B. 石膏固定3个月后拆除石膏＋物理疗法
C. 石膏固定4周后拆除石膏＋物理疗法
D. 石膏固定5周后拆除石膏＋物理疗法
E. 石膏固定6周后拆除石膏＋物理疗法

（11~13题共用题干）

患者在车祸中造成左小腿中下段外伤，疼痛、出血、异常活动，简单包扎后被人立即送到附近医院。查体：小腿中下段胫腓骨骨折。诊断为小腿中下段开放性骨折。

11. 伤口1cm处骨折断端刺破皮肤短斜行骨折，正确的、最简单的处理方法是
A. 清创后按照闭合骨折处理，石膏固定
B. 急诊术中清创、钢板内固定
C. 清创后尽早交锁髓内针固定
D. 清创后外固定架固定
E. 清创后小夹板固定

12. 如果为粉碎性骨折，伤口在小腿前内侧，长度约8cm，直接缝合伤口差1cm。清创后最合理的处理是
A. 骨折钢板内固定，皮肤减张缝合
B. 减张缝合，外固定架固定
C. 交锁钉固定，减张缝合
D. 减张缝合，夹板固定
E. 减张缝合，石膏固定

13. 最可能发生的问题是
A. 骨折延迟或不愈合
B. 畸形愈合

C. 肢体短缩
D. 感染，骨髓炎
E. 腓总神经损伤

(14～16 题共用题干)
女性，60 岁。跌倒时左手掌着地。查体：左腕如图示畸形，关节肿胀、功能障碍。

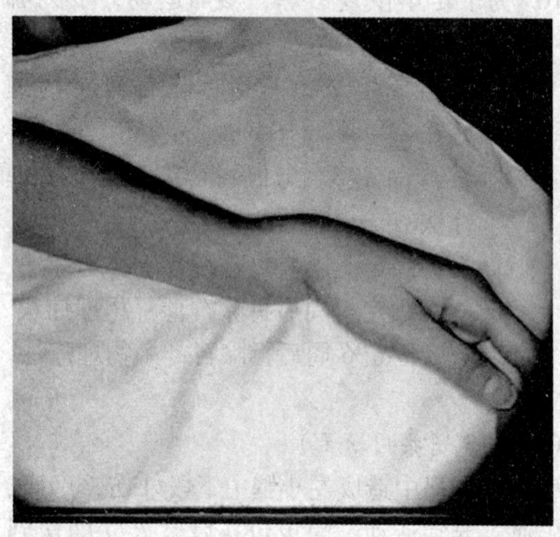

14. 最可能的诊断和合适的处理是
A. 屈曲型桡骨下端骨折，手法复位外固定
B. 屈曲型桡骨下端骨折，手术切开复位内固定
C. 伸直型桡骨下端骨折，手法复位外固定
D. 伸直型桡骨下端骨折，手术切开复位内固定
E. 尺桡骨下端双骨折，手法复位外固定
15. 若行手法复位石膏固定，应维持在哪种位置
A. 腕关节休息位
B. 腕关节功能位
C. 腕关节背屈尺偏位
D. 腕关节掌屈桡偏位
E. 腕关节掌曲尺偏位
16. 该患者经急症处理后，随访观察过程中正确的处理是
A. 早期锻炼肩、肘、手指活动，促进骨折愈合
B. 待患肢肿胀消退后改用较柔软支具固定
C. 固定 2 周后，去固定，开始腕关节活动锻炼，并逐渐做前臂旋转活动
D. 石膏固定 2 周后改用夹板固定，开始腕部康复治疗
E. 抬高患肢，手指伸屈锻炼活动，2 周左右更换功能位，石膏维持至 4～6 周

四、案例分析题

每个案例至少有 2 个提问，每个提问有多个备选答案，其中正确答案有 1 个或几个。(每选择一个正确答案得 1 分，每选择错一个答案扣 1 分，直至本题扣至 0 分，共 15～20 分)

(1～5 题共用题干)
女性患者，25 岁。半年前因腰间盘突出症在当地医院行后入路 L_5/S_1 椎间盘切除，病理结果不详。术后 6 个月腰腿痛伴左下肢麻木症状加重，腰部出现一包块，有压痛，无红热感。查体：T 36.7℃，P 112 次/分，下腰部可触及大小为 3cm × 3cm 包块，有触痛，左下肢小腿外侧皮肤感觉减退，左下肢直腿抬高试验（+），其余未见明显异常。实验室检查：ESR 32mm/h，WBC 6.6×10^9/L，C 反应蛋白 23.1mg/L。

1. 该患者有可能诊断为
A. 腰椎肿瘤
B. 腰椎结核
C. 腰椎间盘突出复发
D. 腰椎间隙感染
E. 腰椎管狭窄症
F. 坐骨神经炎
2. 为了明确诊断，还需要进行哪些检查
A. 腰椎正侧位、过伸过屈位 X 线片
B. 腰椎 CT
C. 腰椎 MRI
D. 腰椎 B 超

E. 胸部正侧位 X 线
F. 腰椎脊髓造影

3. 半年前当地医院患者手术病理报告为"L_5/S_1 椎间盘结核"，出院后一直口服抗结核药。MRI 提示 L_5/S_1 水平硬膜囊受压，L_5 椎体下缘、S_1 椎体上缘破坏、有死骨形成。B 超示腰部有脓肿。最有可能诊断为
A. L_5/S_1 椎间盘结核复发
B. L_5/S_1 椎间隙感染
C. L_5/S_1 椎体肿瘤
D. L_5/S_1 椎体转移瘤
E. 腰椎滑脱
F. 坐骨神经炎

4. 关于脊柱结核，以下叙述哪些是错误的
A. 脊柱结核是全身骨与关节中发病率最高的
B. 在脊柱结核中，椎弓结核占绝大多数，约 99%，椎体结核仅占 1%
C. 中心型脊柱结核好发于腰椎，边缘型脊柱结核好发于胸椎
D. 中心型多见于成人，边缘型多见于儿童
E. 脊柱结核中胸椎发病率最高
F. 脊柱经血循环途径造成骨与关节结核

5. 患者下一步首选的治疗为
A. 手术彻底清除椎体病灶及脓肿
B. 保守治疗
C. 先保守治疗，若病情控制欠佳再行手术治疗
D. 腰部脓肿穿刺及引流
E. 长期躯干支具佩戴
F. 卧床休息

（6 ~ 8 题共用题干）

女性，82 岁，不慎摔倒，右髋部着地，当即右髋剧痛，不能站立，急诊来院，检查见右下肢缩短，外旋畸形。

6. 患者最可能的诊断是
A. 右髋关节前脱位
B. 右髋关节后脱位
C. 右髋关节中心脱位
D. 右股骨颈骨折
E. 右股骨干骨折
F. 粗隆间骨折

7. 经 X 线片检查见右股骨颈基底骨折，断端无明显移位，测 Pauwels 角 < 30°，心肺功能较差，最佳治疗方法是
A. 切开复位内固定
B. 人工关节置换术
C. 转子间截骨术
D. 植骨或血管移植术
E. 持续皮牵引 6 ~ 8 周
F. 空心钉内固定术

8. 股骨颈骨折采用保守治疗或者空心钉内固定，常见并发症有
A. 缺血性骨坏死
B. 创伤性关节炎
C. 创伤性骨化
D. 坐骨神经损伤
E. 关节僵硬
F. 股骨颈骨折不愈合
G. 髋关节滑膜炎

骨外科副主任/主任医师职称考试冲刺押题试卷

模拟试卷四

辽宁科学技术出版社
LIAONING SCIENCE AND TECHNOLOGY PUBLISHING HOUSE

一、单选题

以下每道考题有5个备选答案，请选择1个最佳答案。(每题1分，共35分)

1. 胫骨中下1/3骨折延迟愈合率高，原因在于
   A. 胫骨中下1/3为骨的形态转变移行处
   B. 负重量大
   C. 近侧骨折段血液供应差
   D. 远侧骨折段血液供应差
   E. 位于皮下软组织少

2. 对于股骨颈骨折，下列哪种说法是错误的
   A. 基底型骨折容易愈合
   B. 头下型骨折容易发生股骨头坏死
   C. 股骨颈骨折 Pauwells 角越大，骨折越稳定
   D. 儿童股骨颈骨折容易发生股骨头无菌坏死
   E. 股骨颈骨折愈合数年后还有可能发生股骨头无菌坏死

3. 哪支动脉为股骨头、颈的重要营养动脉
   A. 股圆韧带内的小凹动脉
   B. 股骨干滋养动脉升支
   C. 旋股内侧动脉
   D. 旋股外侧动脉
   E. 腹壁下动脉

4. 膝关节三联损伤是指
   A. 外侧副韧带、外侧半月板及后交叉韧带损伤
   B. 外侧副韧带、内侧半月板及后交叉韧带损伤
   C. 内侧副韧带、内侧半月板及前交叉韧带损伤
   D. 内侧副韧带、内侧半月板及后交叉韧带损伤
   E. 外侧副韧带、内侧半月板及前交叉韧带损伤

5. 股骨干下1/3骨折时骨折端移位方向是
   A. 近折端向前上移位，远折端向前方移位
   B. 近折端向前上移位，远折端向后方移位
   C. 近折端向后上移位，远折端向前方移位
   D. 近折端向后下移位，远折端向内侧移位
   E. 近折端向后下移位，远折端向前方移位

6. 慢性骨髓炎行死骨摘除术的最佳时机是
   A. 死骨形成、周围有新生骨
   B. 窦道长期不愈
   C. 死骨形成清楚，包壳充分形成
   D. 局部红肿、剧痛、有波动感
   E. 病理骨折已愈合

7. 肩周炎错误的治疗方法是
   A. 限制肩关节活动
   B. 理疗
   C. 推拿按摩
   D. 针灸
   E. 功能锻炼

8. 在尺神经损伤的临床表现中，下列哪项是正确的
   A. 手的第2蚓状肌麻痹
   B. 拇背伸功能障碍
   C. 猿手畸形
   D. Froment 征（+）
   E. 桡侧皮肤感觉迟钝

9. 下列哪项韧带的变化和腰腿痛关系最为密切
   A. 棘上韧带和棘间韧带
   B. 横突间韧带和棘间韧带
   C. 黄韧带和前纵韧带
   D. 黄韧带和后纵韧带
   E. 棘间韧带

10. 骨关节结核发病率最高的部位是
   A. 肩关节
   B. 髋关节
   C. 膝关节
   D. 肘关节
   E. 脊柱

11. 骨软骨瘤属于
   A. 骨生长结构异常
   B. 骨生长方向异常
   C. 骨生长代谢异常
   D. 骨生长速度异常
   E. 骨组织细胞异常

12. 关于肱骨外上髁炎，下列哪项错误
   A. 是肱骨外上髁处慢性损伤性病变
   B. 好发于网球运动员
   C. 症状为肘外侧疼痛并向前臂外侧放射
   D. Mills 征（+）
   E. 加强腕关节锻炼有利于缓解病情

13. 可发生猝倒的颈椎病是哪种类型
   A. 脊髓型
   B. 交感神经型
   C. 椎动脉型
   D. 神经根型
   E. 混合型

14. 股骨颈骨折外展型，其 Pauwels 角
   A. 大于 50°
   B. 小于 50°
   C. 小于 40°
   D. 小于 30°
   E. 等于 30°

15. 髋关节畸形的位置应该为
   A. 屈曲、内收、内旋
   B. 屈曲、内收、外旋
   C. 屈曲、外展、内旋
   D. 屈曲、外展、外旋
   E. 过伸位、内收、内旋

16. 骨关节炎的主要病变是
   A. 关节液减少
   B. 关节特异性炎症
   C. 关节软骨退变和继发性骨质增生
   D. 关节骨质疏松
   E. 骨与关节慢性疼痛

17. 强直性脊柱炎的表现不包括
   A. 两侧骶髂关节痛
   B. 下腰部痛
   C. 胸椎后凸
   D. HLA - B27 阳性
   E. ASO 阳性

18. 女性，35 岁。交通事故被压伤，伤后 2 小时被抬入院，骨盆骨折和严重低血压。此时首要的处理是
   A. 注射止痛剂
   B. 迅速补充血容量
   C. 急诊手术切开复位
   D. 应用血管收缩药，以提高血压
   E. 监护、吸氧

19. 男性患者，工人，30 岁。抬起重物时突然腰剧痛，继而右下肢麻痛，咳嗽时疼痛由臀部串到左足跟。检查：腰部有肌痉挛，活动受限并有侧弯现象，$L_4 \sim L_5$ 间隙有明显压痛和叩痛。临床诊断最可能是
   A. 腰椎骨折

B. 腰椎周围韧带撕裂
C. 腰椎管狭窄症
D. 腰椎间盘突出症
E. 腰扭伤

20. 12 岁男孩，不慎跌倒时，上肢外展，手掌先着地，跌伤后肘部肿痛，功能障碍。检查肘部明显畸形，肘关节固定于半伸位，肘后三角关系异常，皮下青紫，压痛明显。最大可能诊断是
A. 尺骨鹰嘴骨折
B. 伸直型肱骨髁上骨折
C. 肘关节后脱位
D. 肘部挫伤
E. 肘关节前脱位

21. 女性，50 岁。右拇指狭窄性腱鞘炎反复发作 2 年余。此时最好的治疗方法是
A. 制动
B. 理疗
C. 去炎舒松 A 局封
D. 腱鞘切开术
E. 局部注射抗生素

22. 成年女性，右肩部摔伤，左手托右侧前臂就诊，将其右手搭在左侧肩部，则右肘不能靠近胸壁。应首先考虑的诊断是
A. 肩关节脱位
B. 肩锁关节脱位
C. 锁骨骨折
D. 肱骨干骨折
E. 肱骨外科颈骨折

23. 男性，50 岁。长期酗酒。近 2 年双髋关节疼痛、活动受限。初步诊断是
A. 双侧髋关节类风湿关节炎
B. 双侧髋关节创伤性滑膜炎
C. 双侧髋关节骨关节炎
D. 双侧股骨头缺血性坏死
E. 双侧股骨头骨质疏松

24. 20 岁女性，由 8 米高处坠落，臀部着地，伤后 12 小时入院。脐下三指平面感觉明显减退，左踇趾稍能活动，双下肢自主运动消失。尿潴留。X 线片示胸 10 椎体压缩，有骨折片突向椎管。下列哪项是最关键的治疗
A. 全身大剂量抗生素治疗
B. 导尿并留置导尿管
C. 快速补液、输血
D. 尽早手术探查椎管，解除压迫
E. 严格卧床、保守治疗

25. 股骨转子间骨折容易发生的并发症是
A. 患肢短缩
B. 股骨头缺血坏死
C. 创伤性髋关节炎
D. 髋内翻畸形
E. 脂肪栓塞

26. 有关节盘的关节是
A. 肩关节
B. 肘关节
C. 胸锁关节
D. 髋关节
E. 距小腿关节

27. 膝关节 Lachman 试验（+）是下列哪种疾病的重要体征
A. 膝关节交叉韧带损伤
B. 膝关节滑膜炎
C. 膝关节半月板损伤
D. 膝关节侧副韧带损伤
E. 以上都不正确

28. 一侧胸锁乳突肌纤维性挛缩，致颈部和头面部向患侧偏斜畸形的诊断为
A. 先天性肌斜颈
B. 锁骨骨折后遗症
C. 颈部炎症
D. 颈部肌肉僵硬

E. 颈椎病

29. 肱骨干骨折，骨折线在三角肌止点以上，远折端向外、向近端移位，主要是由于
A. 三角肌、喙肱肌、肱二头肌、肱三头肌牵拉
B. 冈上肌、肱三头肌牵拉
C. 三角肌、胸大肌牵拉
D. 大圆肌、肱二头肌牵拉
E. 背阔肌、喙肱肌牵拉

30. 手外伤治疗的最终目的是
A. 骨折的解剖复位
B. 组织修复
C. 一期闭合创口
D. 早期彻底清创
E. 恢复手部运动功能

31. 臂丛神经损伤少见于下列哪项
A. 挤压伤
B. 撞击伤
C. 产伤
D. 牵拉伤
E. 炎症波及引起的损伤

32. 单纯指深屈肌腱断裂后可发生的功能障碍的是
A. 手指末节主动屈曲功能丧失
B. 手指中节主动屈曲功能丧失
C. 手指僵硬
D. 出现锤状指
E. 手指的伸、屈功能丧失

33. 男性，30 岁。1 小时前被机器碾压上臂远端，肘关节局部疼痛、肿胀、畸形、活动障碍。X 线片提示肱骨中下段粉碎骨折。体格检查时应特别注意
A. 有无伸肘功能障碍
B. 有无前臂旋转功能障碍
C. 有无伸腕功能障碍
D. 有无屈腕功能障碍
E. 有无拇指对掌功能障碍

34. 女性，50 岁。右膝关节疼痛反复发作 3 年。无外伤史，行走时有时可扪及髌骨周围活动性硬肿物。体格检查：右大腿肌肉轻度萎缩，膝关节肿胀，积液不明显。X 线片示轻度骨质增生，髁间窝处隐约可见数个黄豆大小密度增高影。最可能的诊断是
A. 骨肿瘤
B. 滑膜软骨瘤病
C. 关节内游离体
D. 关节内骨质增生
E. 类风湿关节炎

35. 男性，28 岁。从事驾驶员工作 5 年。近 3 年反复发作腰痛。放射到右足跟部。腰椎 CT 示，腰骶椎间盘突向右后方，压迫神经根。以下体征中哪条与该诊断不相符合
A. 腰 5 骶 1 棘突间压痛，向右下肢放射
B. 右下肢直腿抬高试验阳性，加强试验阳性
C. 右踝反射明显减弱
D. 右足外侧外踝部皮肤感觉减退
E. 右小腿前外侧和足底感觉减退

二、多选题

以下每道考题有 5 个备选答案，每题至少有 2 个正确答案。(每题 2 分，多选、少选均不得分，共 30 分)

1. 前交叉韧带移植物股骨端的固定方式包括
A. 悬吊固定
B. 界面螺钉挤压固定
C. 横钉固定
D. 双螺纹螺钉固定
E. 复合固定

2. 关于骨脂肪瘤和脂肪肉瘤的描述，正确的是

A. 骨内脂肪瘤 X 线表现为骨髓腔内圆形的溶骨性病变，轻度骨质膨胀，边缘清楚锐利，无侵袭性
B. 骨内脂肪瘤一般伴随骨膜反应
C. 骨内脂肪肉瘤组织学上可分为脂肪瘤型、黏液瘤型和多形性 3 种类型
D. 骨脂肪瘤与脂肪肉瘤的好发部位均为长管状骨骨干
E. 骨内脂肪肉瘤应采取根治性切除或截肢手术

3. 股骨颈骨折一般不出现
A. Kaplan 点移至脐上
B. Kaplan 点偏向健侧
C. 大转子尖向 Nelaton 线上方或下方移位
D. 其颈干角一般无改变
E. 下肢活动受限

4. 显微动脉血管端－端吻合术时常采用的间断缝合法为
A. 二定点
B. 三定点
C. 四定点
D. 环形固定点
E. 以上都可以

5. 骨折功能复位标准是
A. 可允许与关节面平行的侧方移位
B. 没有旋转移位和分离移位
C. 长骨干横形骨折骨折端对位至少达 1/3 左右
D. 可允许轻微与关节活动方向一致的成角移位
E. 成人下肢骨缩短 <1cm

6. 下述骨折属于稳定性骨折的是
A. 股骨颈嵌插骨折
B. 有移位的完全骨折经手法复位、适当外固定后，不易再发生移位
C. 椎体压缩性骨折，压缩程度不及椎体高度 1/3 者
D. 股骨干中段螺旋形骨折
E. 儿童的青枝骨折

7. 下述关于肱骨骨折的说法，错误的是
A. 肱骨干骨折，容易引起正中神经麻痹
B. 外科颈骨折不会并发肱骨头脱位
C. 外科颈骨折，即使畸形愈合后，其功能障碍也较少
D. 髁上骨折容易残留肘外翻
E. 髁上骨折容易引起缺血性肌挛缩

8. 功能性脊柱侧凸的临床特点包括
A. 多数凸向右侧
B. 下肢等长
C. 骨质结构无改变
D. 骨盆倾斜
E. 脊柱除侧凸外，不同时有纵轴旋转

9. 恶性骨肿瘤的诊断特点为
A. 成人多见
B. 局部症状明显
C. X 线摄片表现为溶骨性缺损
D. 容易远处转移
E. 易发生病理性骨折

10. 颈胸椎的特异性结构不包括
A. 肋凹
B. 棘突呈叠瓦状
C. 棘突分叉
D. 横突肋凹
E. 横突孔

11. 化脓性关节炎的感染途径为
A. 血源性
B. 关节开放性创伤
C. 医源性感染
D. 直接蔓延
E. 骨髓炎

12. 慢性骨髓炎治疗原则包括
A. 消灭死腔
B. 摘除死骨
C. 改善局部血液循环
D. 清除瘢痕和肉芽
E. 切除新形成的包壳

13. 女性，35 岁。腰痛半年，伴低热、盗汗。X 线摄片发现 L_3 椎体破坏，椎间隙变窄，腰大肌阴影膨隆。下列措施哪些合适
A. 加强营养
B. 行病灶清除术
C. 行全身抗结核药物治疗
D. 卧床休息
E. 胸部 X 线检查

14. 下列哪些方法治疗 4 ~ 8 岁的先天性髋关节脱位不恰当
A. 手法复位
B. 切开复位或沙尔特（Salter）骨盆旋转截骨术
C. 行查理（Chiari）骨盆内移截骨术
D. 可附加股骨转子下截骨术
E. 石膏固定

15. 治疗肩关节前脱位，下列哪些说法正确
A. 一般可先在局麻下进行手法复位
B. 复位成功，Dugas 征由阳性转为阴性
C. 常采用肩盂切骨成形术
D. 复位后次日，应立即开始活动肩关节，以防粘连形成肩周炎
E. 超过 2 周的肩关节脱位，试图复位失败后，需及时切开复位

三、共用题干题

共用题干题：以下每道考题有 2 ~ 6 个提问，每个提问有 5 个备选答案，请选择 1 个最佳答案。（每题 1 分，共 15 ~ 20 分）

（1 ~ 4 题共用题干）

男性，50 岁。6 小时前双大腿中段被汽车撞伤。查体：脉率 130 次/分，血压 80/50mmHg，双大腿中段严重肿胀、畸形，有反常活动，足背动脉可扪及。X 线片示双股骨中段螺旋形骨折。

1. 下列哪种情况需要紧急处理
A. 失血性休克
B. 挤压综合征
C. 坐骨神经损伤
D. 患肢严重肿胀
E. 缺血性骨坏死

2. 胫骨结节牵引 1 周后，生命体征平稳，局部皮肤正常。X 线片示两处骨折有重叠成角移位。此时最好的治疗方法是
A. 继续加大牵引重量
B. 改用管型石膏外固定
C. 小夹板外固定 + 骨牵引
D. 手法复位 + 外固定架固定
E. 手术切开复位内固定

3. 骨折愈合后 2 年，左膝屈曲活动度差。X 线片未发现异常。最可能的原因是
A. 创伤性关节炎
B. 股四头肌腱粘连伴关节僵硬
C. 关节强直
D. 内固定影响关节活动
E. 关节内韧带损伤漏诊

4. 针对上述病情，最恰当的处理是
A. 继续理疗 + 功能锻炼
B. 外用膏药治疗
C. 手术松解股四头肌腱及关节周围粘连组织
D. 左膝关节融合术
E. 左膝关节镜检查术

（5 ~ 7 题共用题干）

女性患者，不慎摔倒，伤后感到右髋部疼痛，送往医院检查，X 线片诊断：右股骨颈经颈型骨折，移位明显。

5. 如果该患者年龄为 85 岁，肺心病病史 30 余年，一般状态差。最合适的治疗方法为
A. 下肢中立位皮牵引

B. 切开复位，内固定，植骨
C. 闭合复位，穿针固定
D. 人工半髋关节置换
E. 人工全髋关节置换

6. 如果该患者年龄为45岁，身体状态较好，最合适的治疗方法为
A. 下肢中立位皮牵引
B. 切开复位，内固定，植骨
C. 闭合复位，穿针固定
D. 人工半髋关节置换
E. 人工全髋关节置换

7. 上述患者内固定治疗后面临的最大问题是
A. 疼痛
B. 髋内翻
C. 骨折不愈合
D. 股骨头缺血性坏死
E. 感染

（8～11题共用题干）
50岁男性，腰痛伴右下肢放射痛2个月。反复发作，与劳累有关，咳嗽、用力排便时可加重疼痛。查体：右直腿抬高试验50°阳性，加强试验阳性。X线片示：$L_{4\sim5}$椎间隙变窄。

8. 其最可能的诊断为
A. 腰肌劳损
B. 腰3横突综合征
C. 腰椎管狭窄症
D. 腰椎间盘突出症
E. 腰椎肿瘤

9. 可完全排除的诊断是
A. 腰椎结核
B. 腰肌劳损
C. 腰椎肿瘤
D. 脊椎滑脱症
E. 腰椎管狭窄症

10. 其右下肢麻木的区域可能为
A. 小腿外侧或足背
B. 大腿前侧
C. 大腿内侧
D. 小腿后侧及足底
E. 臀部及大腿后侧

11. 对诊断有定位定性意义的检查方法是
A. X线片
B. 腰椎MRI
C. ECT
D. 肌电图
E. 化验俭查

（12～15题共用题干）
青年患者，入院前1小时右肱骨中段被机器绞伤。致上臂仅内侧有宽3cm的皮肤相连，该皮肤有较重的挫伤，其余组织完全离断。

12. 该患者应诊断为
A. 右肱骨干严重的开放性骨折
B. 右上臂完全离断伤
C. 右上臂不完全离断伤
D. 右肱骨干开放性骨折，合并血管损伤
E. 右肱骨干开放性骨折，合并神经损伤

13. 治疗方案应选择
A. 清创术，右肱骨外固定架固定术
B. 清创后，右肱骨内固定，修复损伤血管
C. 清创后，右肱骨内固定，修复损伤的神经、肌肉、肌腱
D. 断肢再植术
E. 清创后，残端缝合

14. 术后24小时，发现患手轻度肿胀，指甲青紫，毛细血管反应存在，针刺指尖部有鲜红的血液溢出，皮温较健侧高0.5℃。其原因可能是
A. 静脉栓塞或痉挛
B. 动脉栓塞或痉挛
C. 动、静脉同栓塞或痉挛
D. 创口感染
E. 术中止血不充分

15. 此时应如何处理
A. 解除疼痛因素后，采用血管解痉措施，观察1小时后不见好转，手术治疗
B. 选用有效的抗生素

C. 冰敷，抬高患肢
D. 切开肿胀部位皮肤减压
E. 手术切开，取动静脉血栓

四、案例分析题

每个案例至少有 2 个提问，每个提问有多个备选答案，其中正确答案有 1 个或几个。(每选择一个正确答案得 1 分，每选择错一个答案扣 1 分，直至本题扣至 0 分，共 15 ~ 20 分)

(1 ~2 题共用题干)

5 岁男孩，外伤后右肘关节疼痛、畸形。当地 X 线片诊断右肱骨髁上骨折。

1. 手法复位时，应进行下列哪些操作
   A. 仰卧，屈肘 50°，前臂置于中立位
   B. 拔伸牵引，充分矫正短缩移位与成角移位
   C. 充分矫正旋转移位
   D. 充分矫正远侧段的向后移位
   E. 侧方移位必须完全对合
   F. 分离移位不必完全矫正
2. 经两次手法复位未成功，来院时为伤后 48 小时，查体：右肘关节半屈位，肿胀较重，压痛明显，手指活动障碍，桡动脉搏动弱，手指凉、麻木，应诊断为肱骨髁上骨折合并
   A. 肘关节脱位
   B. 上肢主要静脉损伤
   C. 肱动脉损伤
   D. 肌肉断裂伤
   E. 正中、桡神经损伤
   F. 尺神经损伤

(3 ~7 题共用题干)

男性患者，65 岁。因颈肩痛、上臂痛并四肢乏力 3 年入院。体检：神清，颈项僵硬，双上肢、上臂外侧、三角肌区皮肤感觉减退，三角肌肌力Ⅱ级，肱二头肌反射亢进，肱三头肌反射亢进，双上肢 Hoffmann 征（+），双下肢皮肤感觉正常，肌力正常，膝反射、跟腱反射亢进，髌阵挛（+），踝阵挛（+）。

3. 根据资料，以下哪些疾病不能排除
   A. 脊髓型颈椎病
   B. 颈椎原发性肿瘤
   C. 颈椎椎管狭窄
   D. 颈椎椎体转移瘤
   E. 颈脊髓肿瘤
   F. 坐骨神经炎
4. 为了明确诊断和进行下一步治疗，需要进行哪些检查
   A. 颈椎正侧位片
   B. 颈椎 CT
   C. 颈椎 MRI
   D. 颈脊髓造影
   E. 肌电图
5. 提示：X 线片、MRI 检查结果见下图。根据以上资料，最有可能的诊断是

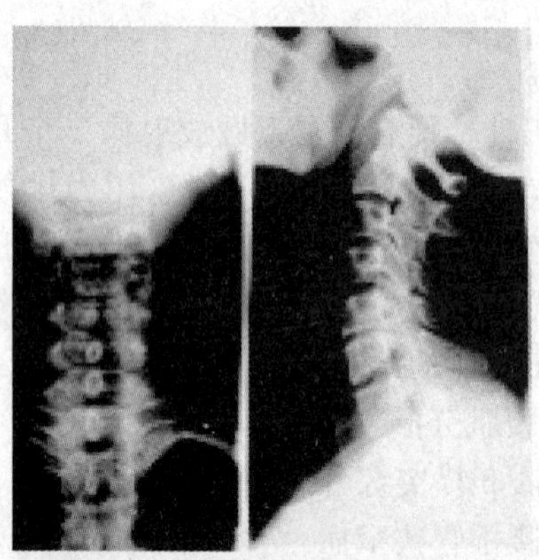

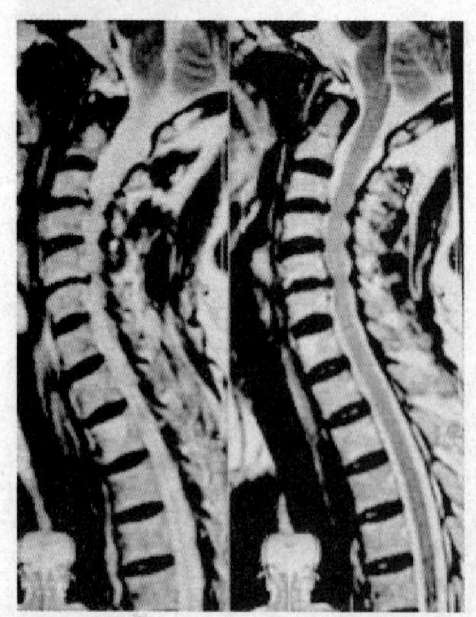

A. 神经根型颈椎病
B. 脊髓型颈椎病
C. 交感神经型颈椎病
D. 椎动脉型颈椎病
E. 混合型颈椎病
F. 食管压迫型颈椎病

6. 根据以上资料，哪些治疗方法比较适合
A. 颈椎前路减压 + 椎间融合 + 前路钛板内固定
B. 后路全椎板切除减压
C. 后路半椎板切除
D. 后路双开门减压椎管成形术
E. 卧床、休息、牵引治疗
F. 颈椎侧前方入路

7. 颈椎手术的并发症有哪些
A. 颈脊髓损伤
B. 脑脊液漏
C. 邻近椎间隙退变
D. 高位截瘫
E. 颈椎病症状加重

骨外科副主任/主任医师职称考试冲刺押题试卷

模拟试卷五

辽宁科学技术出版社
LIAONING SCIENCE AND TECHNOLOGY PUBLISHING HOUSE

一、单选题

以下每道考题有 5 个备选答案，请选择 1 个最佳答案。(每题 1 分，共 35 分)

1. 关节脱位的概念是
   A. 关节出现畸形和弹性固定
   B. 关节面失去正常对合关系
   C. 正常对合关节分离
   D. 关节韧带松弛
   E. 关节囊扭伤并断裂

2. 12 岁小女孩无意中发现左大腿下端内侧有一突出骨性肿块，最大可能诊断为
   A. 骨样骨瘤
   B. 半月板囊肿
   C. 骨巨细胞瘤
   D. 骨软骨瘤
   E. 骨质增生

3. 在长骨骨折和严重创伤患者中，容易发生
   A. 上呼吸道感染
   B. 心功能障碍
   C. 脂肪栓塞
   D. 失血性休克
   E. 深静脉血栓形成

4. 男性，22 岁。外伤致骨盆骨折。查体：生命体征平稳。X 线片示：耻骨联合分离，右侧骶髂关节向上方移位。下列哪项处理最合适
   A. 严格卧床休息
   B. 卧床加下肢牵引
   C. 手法复位外固定
   D. 切开复位内固定
   E. 骨盆兜带悬吊加下肢牵引

5. 继发性骨关节炎的病因是
   A. 肥胖
   B. 马尾松毛虫接触史
   C. 硒元素缺乏
   D. 高龄患者
   E. 先天性髋关节脱位

6. 膝关节早期单纯性滑膜结核的治疗为
   A. 关节穿刺抽脓注入抗结核药物
   B. 关节镜下病灶清除术
   C. 关节镜下膝关节滑膜切除术
   D. 膝关节休息制动
   E. 病灶清除术、膝关节融合术

7. 骨痂改造塑型达到临床愈合，主要依赖于
   A. 早期康复治疗
   B. 丰富的骨痂
   C. 坚强的外固定
   D. 局部良好的血供
   E. 促进骨质愈合药物的应用

8. 腓骨颈骨折易损伤哪种神经
   A. 腓肠神经
   B. 胫神经
   C. 腓总神经
   D. 腓深神经
   E. 腓浅神经

9. 脊柱骨折脱位合并脊髓损伤的手术指征不包括
   A. 骨折脱位合并关节突交锁者
   B. 截瘫平面不断上升者
   C. 合并椎体周围韧带损伤者
   D. 影像学显示骨片凸入椎管压迫脊髓者
   E. 手法复位后仍有不稳定因素存在者

10. 急性血源性骨髓炎的最好发部位是
    A. 跟骨
    B. 尺、桡骨
    C. 胫骨上端与股骨下端

D. 掌骨
E. 脊柱

11. 关于强直性脊柱性炎正确的是
A. 只可强直于屈曲位而出现驼背畸形
B. 常侵及骶髋关节、关节突、附近韧带、髋关节和膝关节
C. 属结缔组织的血清阴性反应疾病
D. 是一种脊椎的急性炎症
E. 本病可自愈

12. 慢性骨髓炎的手术指征是
A. 有死骨形成、死腔及窦道流脓者
B. 有骨膜反应
C. 局部红肿
D. 病变骨变粗，密度增高
E. 反复发热，局部疼痛

13. 尺骨上 1/3 骨折合并桡骨小头脱位是下列哪种类型的骨折
A. 孟氏骨折
B. 盖氏骨折
C. Colles 骨折
D. Smith 骨折
E. Barton 骨折

14. 断指再植手术顺序为
A. 骨骼→动脉→肌腱→神经→静脉
B. 骨骼→肌腱→静脉→动脉→神经
C. 骨骼→静脉→动脉→肌腱→神经
D. 骨骼→神经→肌腱→静脉→动脉
E. 骨骼→肌腱→动脉→静脉→神经

15. 骨巨细胞瘤 X 线片表现为
A. 发生于骨干
B. 短管状骨多见
C. 与正常组织界限清楚
D. 可为膨胀性生长
E. 可见“肥皂泡样”改变

16. 伸直型肱骨髁上骨折的断端最常见的移位方向是
A. 远折端向上移位
B. 近侧端向后移位
C. 远折端向前移位
D. 近折端向桡侧移位
E. 近折端向尺侧移位

17. 男性，20 岁。右膝关节扭伤 2 周。行走时打软，不稳，有“错位”感。下列哪项检查可诊断为交叉韧带损伤
A. Lachman 试验阳性
B. Apley 试验阳性
C. 过伸过屈试验阳性
D. 蹲走试验阳性
E. 侧方应力试验阳性

18. 下列手部皮肤切伤的清创原则，哪项错误
A. 最好在止血带下进行清创
B. 清创术，应在伤后 6 ~ 8 小时内进行
C. 创口应争取一期闭合
D. 周围皮缘尽可能扩大切除
E. 手外伤超过 24 小时，可行二期处理

19. 髌骨软化症的治疗原则哪项是错误的
A. 股四头肌锻炼
B. 物理治疗
C. 非甾体类抗炎药
D. 关节内封闭
E. 早期行手术治疗

20. 22 岁男性，左小腿上端肿痛 3 个月。开始为间歇痛，逐渐为连续性疼痛，夜间为甚。查体：患部肿胀发热、静脉怒张，可能诊断为
A. 恶性骨肿瘤
B. 骨结核
C. 急性骨髓炎
D. 皮下感染

E. 骨软骨炎

21. 骨关节结核主要继发于
A. 肠结核
B. 肾结核
C. 肺结核
D. 淋巴结核
E. 胸膜结核

22. 男，25 岁。被枪弹击伤上臂中段。体检：垂腕，各手指不能伸直，拇指、示指、中指背侧麻木，肘关节屈伸活动正常。X 线示：肱骨中段见 1 个弹头形状的金属异物，骨质未见断裂。最可能的神经损伤是
A. 桡神经
B. 正中神经
C. 尺神经
D. 臂丛神经
E. 腋神经

23. 关于肩关节周围炎，哪项不正确
A. 本病能自愈
B. 本病是关节周围软组织的慢性炎症
C. 疼痛、活动受限是本病的特征
D. 治疗措施主要为肩关节休息、制动
E. 本病体征以外展外旋受限最明显

24. 异体骨处理以下哪种方法最好
A. 低温冷藏
B. 冷冻保存
C. 1:1000 硫柳汞酊浸泡
D. 生理盐水浸泡
E. 无水酒精浸泡

25. 儿童寰枢椎半脱位应采取的治疗措施为
A. 切开复位内固定
B. 卧床颈托制动，加强全身支持疗法
C. 卧床颏枕带持续牵引 + 抗生素治疗
D. 大剂量激素冲击治疗
E. 手法复位，石膏固定

26. 男，30 岁。因外伤右髋痛 6 小时。查体：生命体征平稳，右下肢短缩，髋关节屈曲、内收、内旋畸形。X 线检查如下图。诊断为

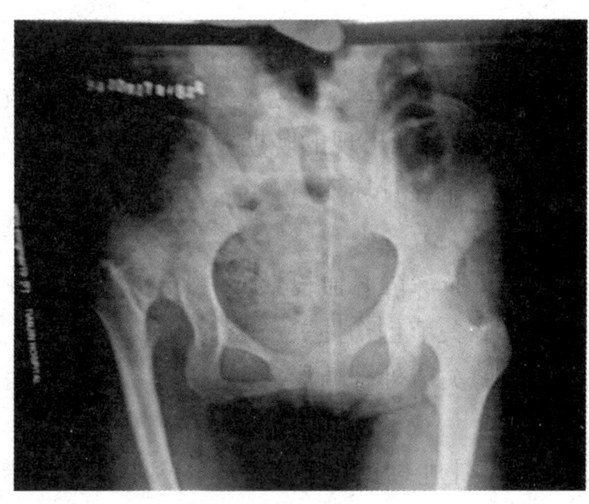

A. 右髋前脱位
B. 右髋后脱位
C. 右髋中心脱位
D. 右骨盆骨折
E. 右髋臼后壁骨折

27. 化脓性骨髓炎最常见的致病菌为
A. 金黄色葡萄球菌
B. 乙型溶血性链球菌
C. 肺炎双球菌
D. 大肠埃希菌
E. 铜绿假单胞菌

28. 男性，50 岁。间歇性跛行逐渐加重 2 年，休息时缓解。查体：腰椎 4 ~ 5 间隙压痛，无放射，直腿抬高左右均达 70°，两下肢感觉、肌力均正常。其诊断考虑为
A. 腰椎间盘突出症
B. 腰椎管狭窄症
C. 腰肌劳损
D. 腰椎结核
E. 腰椎管肿瘤

29. Hippocrates 法用于复位
A. 肩关节前脱位
B. 肘关节后脱位
C. 桡骨小头半脱位
D. 髋关节后脱位
E. 髋关节前脱位

30. 男性，28 岁。外伤致股骨远端骨折，伤及关节面。虽经治疗，骨折移位未见改变。最可能出现的晚期并发症是
A. 缺血性骨坏死
B. 膝关节僵硬
C. 下肢深静脉血栓形成
D. 膝关节创伤性关节炎
E. 膝关节外翻畸形

31. 关于骨肿瘤的生化检查，下列哪项是错误的
A. 广泛溶骨性转移，血清钙常升高
B. 成骨性骨肿瘤，血清碱性酸酶升高
C. 前列腺癌播散，血清碱性酸酶升高
D. 浆细胞骨髓瘤，总蛋白浓度升高
E. 血清碱性酸酶降低，总蛋白不变

32. 关节新鲜脱位是指脱位未满
A. 1 天
B. 3 天
C. 1 周
D. 2 周
E. 3 周

33. 男性，20 岁。踢球时左膝损伤，关节内侧疼痛、肿胀，活动受限。保守治疗 1 个月后症状减轻。但时有关节交锁及打软现象。四头肌内侧头明显萎缩、内侧关节间隙压痛，Apley 试验（+）、抽屉试验（-）、侧方应力试验（-）。最有可能的诊断是
A. 膝关节前“十”字韧带断裂
B. 膝关节内游离体
C. 膝关节内侧副韧带断裂
D. 膝关节内侧半月板损伤
E. 髌韧带损伤

34. 关于脊髓型颈椎病的描述，正确的是
A. 可出现 Hoffmann 征（+）
B. 可出现猝倒
C. 颈肩痛明显
D. 痛觉和温度觉分离
E. 四肢乏力、行走、持物不稳为最先出现的症状

35. 骨盆骨折的并发症不包括
A. 坐骨神经损伤
B. 脊髓损伤
C. 腹膜后血肿
D. 尿道损伤
E. 直肠损伤

二、多选题

以下每道考题有 5 个备选答案，每题至少有 2 个正确答案。（每题 2 分，多选、少选均不得分，共 30 分）

1. 属于不稳定性骨折的是
A. 裂缝骨折
B. 螺旋骨折
C. 斜形骨折
D. 粉碎性骨折
E. 嵌插骨折

2. 骨折愈合分哪几个阶段
A. 骨痂改造塑形期
B. 骨痂机化期
C. 骨折坚强固定和积极康复
D. 原始骨痂形成期
E. 血肿炎症机化期

3. Colles 骨折产生典型的畸形有
A. 短缩畸形
B. 枪刺刀畸形

C. 垂腕畸形
D. 断端重叠畸形
E. 银叉畸形

4. 胸腰椎骨折的分类有
A. 单纯压缩性骨折
B. 稳定性爆破型骨折
C. 不稳定性爆破型骨折
D. Chance 骨折
E. 脊椎骨折 - 脱位

5. 下列关于强直性脊柱炎正确的说法是
A. 只可强直于屈曲位而出现驼背畸形
B. 常侵及骶髂关节、关节突、附近韧带、髋关节和膝关节
C. 是一种脊椎的急性炎症
D. 属结缔组织的血清阴性反应性疾病
E. 男性患者多见

6. 下列属于开放性骨折的是
A. 耻骨骨折，会阴部皮下瘀血
B. 骨折端刺破皮肤及黏膜外露
C. 骨盆骨折，腹膜后血肿
D. 肋骨骨折，肺破裂，血气胸
E. 骶尾骨骨折，直肠破裂

7. 肘部桡神经损伤的症状、体征有
A. 垂腕畸形
B. 大鱼际萎缩
C. 拇指对掌障碍
D. 拇指不能背伸
E. 虎口区感觉障碍

8. 关于股骨头血液供应情况，下列哪些是正确的
A. 部分来自圆韧带
B. 主要来自旋股内、外侧动脉
C. 骺外侧动脉供应股骨头 2/3 ~4/5 的血液
D. 在小儿，小凹动脉在骺板不与其他血供交通
E. 来自小凹动脉的血供量随着年龄的增加而增加

9. 腕部尺神经切割伤，不会出现下列哪些症状
A. 小鱼际肌萎缩
B. 尺侧屈腕肌力减弱
C. 环小指夹指力减弱
D. 手背侧、尺侧 2 个半手指感觉障碍
E. 手掌侧、尺侧 1 个半手指感觉障碍

10. 腰椎结核时寒性脓肿流注的部位，下列哪些是正确的
A. 腰大肌
B. 季肋部
C. 股三角或股骨小转子附近
D. 腹股沟
E. 腰三角

11. 下列关于肋横突关节的描述，错误的是
A. 属于肋椎关节的一部分
B. 包括胸椎横突肋凹
C. 包括肋结节关节面
D. 包括椎间盘
E. 全部肋骨均有此关节

12. 膝关节半月板损伤的诊断依据有
A. 有关节绞锁史
B. 蹲走试验（+）
C. Apley 试验（+）
D. 回旋挤压试验（-）
E. Lachman 试验（+）

13. 下列哪些不是髌骨粉碎性骨折的特点
A. 直接暴力所致
B. 移位明显
C. 关节面损伤重
D. 关节囊撕脱严重
E. 多合并半月板损伤

14. 属于恶性骨肿瘤的是
   A. 骨样骨瘤
   B. 尤文肉瘤
   C. 脊索瘤
   D. 骨巨细胞瘤
   E. 软骨肉瘤

15. 关于颈椎间盘突出手术治疗下列错误的是
   A. 非手术治疗无效反复发作者需手术治疗
   B. 神经根型颈椎病常需手术治疗
   C. 伴椎管狭窄者一般行前路手术
   D. 后路手术以减压为主，一般不行髓核摘除
   E. 前路手术一般不需植骨

三、共用题干题

以下每道考题有2~6个提问，每个提问有5个备选答案，请选择1个最佳答案。（每题1分，共15~20分）

（1~4题共用题干）

男性，45岁，重体力劳动工人。腰腿痛，并向左下肢放射，咳嗽、喷嚏时加重。查体：腰部生理曲度变直、腰椎活动明显受限，并向左倾斜，直腿抬高试验（+）。病程中无低热、盗汗、消瘦症状。

1. 首先考虑的诊断是
   A. 腰肌劳损
   B. 腰椎管狭窄症
   C. 腰间盘突出症
   D. 强直性脊柱炎
   E. 腰椎肿瘤
2. 如有小腿前外侧及足底麻木，踇背伸肌力弱。病变的节段应考虑是
   A. 腰1~2
   B. 腰2~3
   C. 腰3~4
   D. 腰4~5
   E. 腰5~骶1
3. 为明确诊断，最有意义的检查是
   A. 腰椎正侧位X线
   B. 腰椎MRI
   C. 腰部超声
   D. 腰椎穿刺
   E. 双下肢肌电图
4. 如果病史2年，并逐年加重，已严重影响生活及工作，且出现尿便障碍。其治疗方法是
   A. 理疗
   B. 按摩
   C. 牵引
   D. 长期卧床休息
   E. 手术解除压迫

（5~9题共用题干）

60岁女性，摔伤致右肩疼痛、肿胀，功能受限3小时，摔倒时右肩着地。

5. 该种暴力最不可能导致哪种损伤
   A. 锁骨外1/3骨折
   B. 肱骨干骨折
   C. 肱骨髁上骨折
   D. 肩锁关节脱位
   E. 肱骨外科颈骨折
6. 拍右肩关节X线片示右肩关节脱位，肱骨头最可能的脱位方向
   A. 前脱位
   B. 后脱位
   C. 上方脱位
   D. 下方脱位
   E. 中心脱位
7. 关于肩关节脱位的临床表现哪项错误
   A. 方肩畸形
   B. Mills征（+）
   C. Dugas征（+）
   D. 肩胛盂处空虚感
   E. 肩关节弹性固定
8. 右肩关节X线片示右侧肱骨外科颈骨折，下列说法哪项是不正确的
   A. 多发生于儿童

B. 易并发神经损伤
C. 可分为无移位、外展型、内收型骨折
D. 外科颈处骨皮质突然变薄，易骨折
E. 肱骨外科颈位于骨干与大小结节交界处

9. 如肱骨外科颈骨折后出现三角肌表面麻木，最可能哪种神经损伤
A. 腋神经
B. 臂丛神经
C. 尺神经
D. 桡神经
E. 正中神经

（10～12 题共用题干）
10 岁女孩，右髋有外伤史。近日逐渐出现右下肢跛行。诉右膝疼痛，并有夜痛，同时伴有低热、食欲减退等。体检：腰椎轻度前凸，右髋 Thomas 征（+），股内收肌痉挛，并股四头肌萎缩。

10. 临床诊断首先考虑为
A. 髋关节滑膜炎
B. 先天性髋关节发育不良
C. 髋关节早期滑膜结核
D. 髋关节的慢性低毒性感染
E. 股骨头骨肿瘤

11. 为明确诊断，辅助检查首先选用
A. 实验室检查，血常规及红细胞沉降率、C－反应蛋白等
B. 骨盆正位片对比两侧髋关节
C. 关节穿刺作一般细菌和结核菌培养
D. 全身骨 ECT 检查
E. PPD 试验

12. 早期治疗方法首选
A. 早期行髋关节镜下滑膜切除术，术后木板鞋制动 3 周
B. 全身支持及应用抗结核药物，右下肢皮牵引，关节内注射抗结核药物
C. 及早施行病灶清除术，经搔刮后遗留的较大空腔用植骨充填
D. 切开引流，清除脓液后，伤口闭合行抗结核药物灌洗
E. 卧床休息，全身支持，牵引并抗结核药物治疗，必要时病灶清除术

（13～15 题共用题干）
女性患者，70 岁。因平地滑倒摔伤致左髋关节疼痛 3 小时就诊。查体：双下肢无畸形，髋关节无肿胀，左下肢轻度轴向叩击痛。X 线检查未见明显骨折脱位。

13. 最恰当的处理措施是
A. 给予止痛药物，正常生活活动
B. 给予补钙、接骨药物，3 天后复查 X 线
C. 卧床制动，2 周后复查 X 线
D. 局部穿刺有无血性液体
E. 卧床 3 个月后正常活动

14. 患者预步行回家，途中患肢疼痛逐渐加重，并出现患肢短缩，不能承重。查体：患肢外旋短缩畸形，叩击痛明显。最可能的诊断是
A. 股骨颈骨折伴移位
B. 髋部肌肉拉伤加重
C. 股骨头缺血性坏死
D. 股骨转子间骨折
E. 髋关节中心脱位

15. 复查 X 线见股骨颈头下型骨折，移位明显。患者既往身体健康。应当采取的治疗方法为
A. 卧床，下肢中立位皮牵引
B. 人工半髋关节置换术
C. 人工全髋关节置换术
D. 闭合复位内固定
E. 切开复位内固定植骨术

（16～17 题共用题干）
患者女，15 岁。右膝关节疼痛 2 个月。就诊于当地医院，诊断为生长痛，未予以特殊诊治。昨天在学校跑步时突然摔倒，疼痛剧烈，无法活动，右下肢畸形明显，急诊送往医院。X 线片示右股骨下段骨折，骨折线分离，骨折两侧可见虫蚀样骨质破坏，髓腔内骨质硬化。

16. 最可能的诊断是

A. 右股骨创伤性骨折
B. 右股骨急性骨髓炎，创伤性骨折
C. 右膝关节结核
D. 右股骨骨巨细胞瘤，病理性骨折
E. 右股骨骨肉瘤，病理性骨折

17. 对该患者的急诊处理是
A. 急诊手术，切开、病灶刮除、复位内固定
B. 急诊手术，切开、病灶刮除、外固定架固定
C. 急诊手术，截肢
D. 支具外固定，穿刺活检
E. 支具外固定，回家等待骨折愈合

四、案例分析题

每个案例至少有 2 个提问，每个提问有多个备选答案，其中正确答案有 1 个或几个。(每选择一个正确答案得 1 分，每选择错一个答案扣 1 分，直至本题扣至 0 分，共 15 ~ 20 分)

(1 ~ 5 题共用题干)

患者，女性，50 岁。因腰腿痛伴右小腿麻木 4 年入院。检查：L_4/L_5 棘突间隙有压痛，右小腿外侧皮肤感觉减退，双下肢直腿抬高试验（-）。

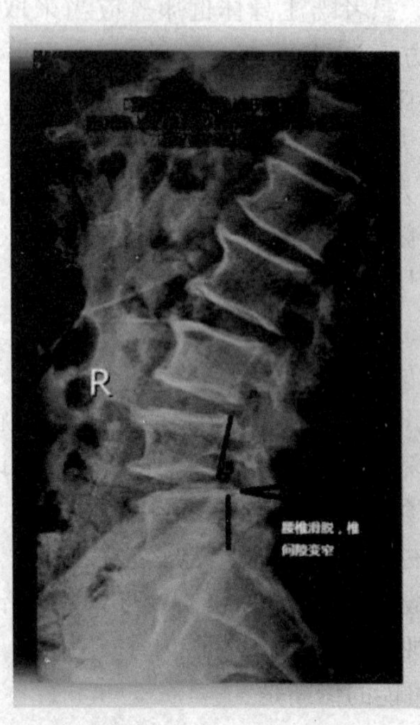

1. 根据以上资料，下述哪些疾病不能排除
A. 腰椎峡部裂
B. 腰椎滑脱
C. 腰椎失稳
D. 腰椎间盘突出症
E. 腰椎椎管狭窄症
F. 坐骨神经炎

2. 还需做哪些检查
A. 腰椎 X 线正侧位片
B. 腰椎侧位动态位片
C. 腰椎 CT
D. 腰椎 MRI
E. 腰椎管内造影
F. 肌电图

3. 根据该患者的 X 线，考虑该患者的诊断是
A. L_4 椎弓峡部裂合并 L_4 滑脱 I 度
B. L_4/L_5 椎间盘突出症
C. 腰椎管狭窄症
D. 腰椎结核
E. 腰椎肿瘤
F. 腰椎骶化畸形

4. 该患者最佳的治疗方案是
A. 理疗
B. 手术治疗
C. 先保守治疗，无效再行手术治疗
D. 牵引
E. 卧床
F. 微创治疗

5. 该患者的手术方案是
A. 后入路 $L_{4,5}$ 椎间盘切除 + 椎间 Cage 融合 + 后路椎弓根钉系统内固定
B. 后入路 $L_{4,5}$ 椎间盘切除 + 椎间植骨
C. $L_{4,5}$ 椎间盘切除 + 横突间植骨
D. L_4 全椎板切除 + 横突间植骨
E. L_5 全椎板切除 + 横突间植骨

(6 ~ 9 题共用题干)

患者男，15 岁，右膝关节下方疼痛，肿胀，关节活动障碍 6 个月。查体：右膝关节下方肢体较对侧增粗 3.2cm，表面皮温高，可见

静脉怒张及局部压痛。X 线片示右胫骨干骺端溶骨及成骨性破坏，可见日光放射样骨膜反应及软组织肿块。碱性磷酸酶 490U/L。

6. 最可能的诊断为
   A. 纤维肉瘤
   B. 骨巨细胞瘤
   C. 尤文肉瘤
   D. 软骨肉瘤
   E. 骨肉瘤
   F. 骨转移癌
7. 该病例确诊的依据为
   A. 放射性核素扫描
   B. X 线片
   C. 血管造影
   D. 活组织检查
   E. MRI 检查
   F. CT 检查
8. 提示：患者进行病理活检后提示可见幼稚骨样基质及梭形异形细胞。该患者的主要治疗方式包括
   A. 手术
   B. 放疗
   C. 化疗
   D. 靶向治疗
   E. 生物治疗
   F. 抗生素治疗
9. 对于骨肉瘤的临床特点，下列哪些是不正确的
   A. 骨肉瘤好发于四肢骨骺生长最快的股骨远端、胫骨近端和肱骨近端
   B. 一般不发生病理性骨折
   C. 一旦病理学检查确诊为骨肉瘤，应该马上行截肢手术
   D. 骨肉瘤也较多发于脊柱，骨盆
   E. 全部病人 80% ~90% 病变发生于膝关节周围
   F. 局部出现软组织肿块，质硬，增长速度较快

骨外科副主任/主任医师职称考试冲刺押题试卷

模拟试卷六

辽宁科学技术出版社
LIAONING SCIENCE AND TECHNOLOGY PUBLISHING HOUSE

一、单选题

以下每道考题有5个备选答案，请选择1个最佳答案。(每题1分，共35分)

1. 胫骨骨折常出现开放性骨折和粉碎性骨折，其主要原因是
   A. 外伤多为直接暴力且皮下软组织少
   B. 胫骨的负重量大
   C. 暴力间接地通过腓骨传导
   D. 因腓骨细小，缺乏对胫骨的支持
   E. 胫骨形状有棱角

2. 以下哪项不是前臂尺桡骨骨折切开复位内固定术的指征
   A. 手法复位失败
   B. 受伤时间较短，伤口感染不重的开放性骨折
   C. 骨折合并神经、血管、肌腱损伤
   D. 尺桡骨多段骨折
   E. 同侧肢体有多发性损伤

3. 疲劳骨折多发生于
   A. 胫骨
   B. 腓骨上1/3骨干
   C. 尺骨
   D. 桡骨
   E. 肱骨上1/3

4. 青壮年膝半月板损伤，反复疼痛，关节肿胀。最合理的治疗方法为
   A. 半月板切除术
   B. 理疗、制动、止痛药
   C. 反复穿刺抽吸关节内积液
   D. 关节镜下半月板修整或部分切除
   E. 关节镜下半月板切除

5. 颈椎压缩骨折合并脱位最先选择的治疗方法是
   A. 颅骨牵引
   B. 手法复位、石膏固定
   C. 颈托支具固定
   D. 两桌法复位
   E. 切开复位

6. 关于骨软骨瘤的治疗，下列哪项是错误的
   A. 一经发现，均应手术切除
   B. 若肿瘤过大才切除
   C. 若肿瘤生长较快才切除
   D. 若肿瘤影响功能才切除
   E. 肿瘤恶变应尽早手术

7. 骨与关节结核在哪种情况下不适宜做病灶清除术
   A. 不能自行吸收的脓肿
   B. 长期不愈的窦道
   C. 有脊柱神经压迫症状
   D. 不易控制的单纯滑膜结核
   E. 肺结核活动期

8. 女，76岁。跌倒后左髋部疼痛，不能站立行走。既往高血压、肺心病、糖尿病病史20余年，一般状态差。查体：BP 190/110mmHg，左髋部压痛，左下肢呈短缩外旋畸形。X线提示：股骨颈头下型骨折，Pauwells角55°，GardenⅢ型。处理方法最合适的是
   A. 闭合复位内固定
   B. 外固定架固定
   C. 切开复位空心螺钉内固定
   D. 下肢中立位皮牵引
   E. 人工全髋关节置换术

9. 桡侧3个半手指麻木，肿痛，拇对掌无力。可能为下列哪种疾病
   A. 腕管综合征

B. 腕尺管综合征
C. 旋后肌综合征
D. 旋前肌综合征
E. 肘管综合征

10. 高龄患者，病程隐匿，发展缓慢，长期的下腰部疼痛。间歇性跛行，行走困难，但骑车自如。最可能的诊断是
A. 腰椎间盘突出症
B. 腰椎管狭窄症
C. 腰椎管内肿瘤
D. 腰椎压缩性骨折
E. 梨状肌综合征

11. 关于儿童下肢骨折的功能复位，下列哪项是错误的
A. 骨干骨折对位必须在 1/3 以上
B. 允许下肢骨折存在与关节活动方向垂直的成角移位
C. 短缩不能超过 2cm
D. 干骺端骨折至少应有 3/4 左右对位
E. 分离移位必须完全矫正

12. 腰椎间盘突出症，小腿前外侧和足底感觉减退，踇背伸无力。压迫的神经根是
A. 腰 3 神经根
B. 腰 4 神经根
C. 腰 5 神经根
D. 骶 1 神经根
E. 骶 2 神经根

13. 骨肉瘤好发于
A. 颅骨和下颌骨
B. 掌骨和跖骨
C. 骶尾椎和骨盆
D. 股骨远端、胫骨近端和肱骨近端的干骺端
E. 下肢长骨骨干

14. 股骨转子间骨折与股骨颈骨折的临床主要不同点是
A. 肢体明显短缩
B. 患肢轻度内收
C. 肿胀不明显
D. 骨摩擦音、骨摩擦感不明显
E. 患肢外旋角度不同

15. 下列哪项是类风湿关节炎引起关节强直的原因
A. 患肢因疼痛长期制动
B. 关节周围软组织挛缩
C. 关节面上形成纤维性粘连
D. 关节内韧带病变
E. 皮肤瘢痕挛缩

16. 女性，15 岁。主诉发热头痛半个月，右小腿胀痛 20 天。X 线片示右小腿软组织肿胀，内有网状阴影，层次不清，胫骨上端骨质疏松，骨小梁模糊，似有斑点状透亮区。首先考虑的诊断是
A. 骨软骨瘤
B. 尤文肉瘤
C. 急性化脓性骨髓炎
D. 骨肉瘤
E. 骨巨细胞瘤

17. 肩关节脱位发生率最高的是
A. 喙突下脱位
B. 肩峰下脱位
C. 盂下脱位
D. 盂上脱位
E. 冈下脱位

18. 桡骨远端关节面骨折伴腕关节脱位称为
A. 孟氏骨折
B. 盖氏骨折
C. Colles 骨折
D. Smith 骨折
E. Barton 骨折

19. 男，50 岁。无明显诱因出现左肩、上臂、前外射痛 3 个月，既往体健。查体：T 36C，P 82 次/分钟，BP 110/60mmHg。双肺呼吸音清，未闻及干湿性啰音，心律齐，未闻及杂音，腹软，无压痛，未触及包块，肩关节活动正常，上肢感觉及肌力均正常，Eaton 试验和 Spurling 试验阳性。首先考虑的诊断是
A. 冈上肌腱炎
B. 肩峰撞击综合征
C. 肩袖损伤
D. 神经根型颈椎病
E. 粘连性肩关节囊炎

20. 肱骨髁上骨折最易出现的晚期并发症是
A. 肱动脉损伤
B. 肘内翻畸形
C. 肘外翻畸形
D. 尺神经损伤
E. 骨折不愈合

21. 类风湿关节炎的典型体征是下列哪种
A. 膝关节活动受限
B. 关节处皮温增高
C. Finkelstein 试验（+）
D. 鼓槌指
E. 关节处红肿疼痛

22. 治疗髌骨软化症，下列应慎用的是
A. 制动休息
B. 理疗
C. 口服氨糖美辛
D. 激素治疗
E. 股四头肌运动练习

23. 下列关于强直性脊柱炎（AS）的临床特点，不正确的是
A. 常见于青年男性
B. 所有患者 HLA－B27 均阳性
C. 主要侵犯骶髂关节和脊柱
D. 多有明显腰背痛，血清类风湿因子阴性
E. 脊柱病变的 X 线表现特征：早期椎体可呈“方形”椎，病变发展形成椎体间骨桥，呈最有特征的“竹节样”脊柱

24. 断肢的保存首选
A. 生理盐水浸泡
B. 75% 酒精浸泡
C. 10% 福尔马林溶液浸泡
D. 用无菌或清洁敷料包扎后干燥冷藏
E. 置于冰块内

25. 有关腘窝囊肿的特点，下列错误的是
A. 又名 Baker 囊肿
B. 均应手术治疗
C. 可局部穿刺、抽液、注射泼尼松
D. 多发生在半膜肌腱滑囊和腓肠肌腱内侧头与半膜肌之间的滑囊
E. 常伴有膝关节半月板损伤

26. 慢性运动系统损伤的治疗方法中，临床最不常用的是
A. 限制致伤动作，纠正不良姿势
B. 局部封闭治疗
C. 休息、理疗、按摩
D. 服用消炎镇痛药
E. 早期手术治疗

27. 男，70 岁。上、下楼梯时双膝关节疼痛 2 年。查体：双手远端指间关节背侧可见 Heberden 结节，双膝活动有摩擦感。实验室检查：ESR 正常，RF 15U/ml。最可能的诊断是
A. 痛风性关节炎
B. 风湿性关节炎
C. 类风湿关节炎
D. 骨关节炎
E. 半月板损伤

28. 下列先天性肌性斜颈的临床表现特点中，错误的是
A. 一侧颈部胸锁乳突肌中下段有突起肿块，椭圆形或圆形，质硬且较固定，继之逐渐缩小消失，约半年后形成纤维性挛缩条索
B. 头偏向患侧时，下颌转向健侧
C. 主动或被动的下颌向患侧的旋转活动不同程度受限
D. 病情继续发展可出现各种继发畸形
E. 随年龄增长，本病可自愈

29. 内生软骨瘤的X线特点是
A. 溶骨性骨破坏
B. 葱皮样骨膜反应
C. 致密骨包绕的中央呈致密度较小的透射线区
D. 分叶状，膨胀性，椭圆形透明阴影
E. 密度增高的肿瘤骨

30. 下列膝关节疾病与有关检查试验中，错误的是
A. 浮髌试验（+）：膝关节积液
B. 前抽屉试验（+）：前交叉韧带断裂
C. 轴移试验（+）：后交叉韧带断裂
D. 麦氏（McMurray）试验（+）：半月板损伤
E. 髌骨摩擦试验（+）：髌骨软化症

31. 患者，男，30岁。腰2椎体骨折脱位伴马尾神经损伤。检查时，股四头肌有收缩，膝关节可抬离床面，但不能对抗轻微阻力。这时股四头肌的肌力是
A. 1级
B. 2级
C. 3级
D. 4级
E. 5级

32. 当小腿骨筋膜室内的压力增高达到多少时，可使肌肉供血的小动脉关闭
A. 35mmHg
B. 45mmHg
C. 55mmHg
D. 65mmHg
E. 75mmHg

33. Bennett骨折是指
A. 腕舟骨骨折
B. 桡骨远端关节面骨折并腕关节脱位
C. 第一及第二掌骨基底部同时骨折
D. 第一掌骨基底部骨折并脱位
E. 第一掌骨头骨折并脱位

34. 断肢（指）再植吻合血管时的动、静脉适宜比例应是
A. 1:1
B. 1:2
C. 1:3
D. 2:3
E. 2:1

35. 陈旧性脊柱脊髓损伤的手术目的是
A. 通畅椎管，重建脑脊液循环
B. 改善脊髓血供
C. 改善脊柱形状
D. 解除脊髓压迫
E. 恢复脊柱稳定性，解除脊髓压迫

二、多选题

以下每道考题有5个备选答案，每题至少有2个正确答案。（每题2分，多选、少选均不得分，共30分）

1. 下列哪些属于不稳定性脊柱骨折
A. Chance骨折
B. 两侧腰$_{2\sim3}$及$_4$横突骨折
C. 椎体骨折脱位
D. 腰$_{4\sim5}$椎板、关节突骨折
E. 第1颈椎半脱位

2. 下列哪些不属于内固定原则
   A. 解剖复位
   B. 满足生物力学需要的坚强内固定
   C. 无创外科操作技术
   D. 关节早期无痛主动活动
   E. 一期植骨促进骨折愈合

3. 关于肩周炎的叙述，下列正确的是
   A. 好发生于重体力劳动者，男性多于女性
   B. 系肩周肌、肌腱、滑囊和关节囊的慢性损伤性炎症
   C. 以活动时疼痛、功能受限为临床特点
   D. 本病能自愈，一般需 1 年左右，即使不进行治疗和功能锻炼，亦不遗留任何障碍
   E. 好发于 50 岁以下人群

4. 对于患有肌性斜颈的 2～3 岁儿童，以下哪些治疗不正确
   A. 局部热敷，按摩
   B. 手法牵引，头部扳正
   C. 切断胸锁乳突肌胸骨头和锁骨头
   D. 重症者可以切除胸锁乳突肌
   E. 胸锁乳突肌和斜方肌部分切除

5. 下述论述中哪些是正确的
   A. 在小儿，供应股骨头的小凹动脉在骺板不与其他血供交通
   B. 儿童股骨颈骨折发生股骨头坏死的比例明显低于青壮年
   C. 股骨转子骨折好发于儿童，女性多于男性
   D. 儿童股骨颈骨折发生股骨头坏死的比例明显高于青壮年
   E. 儿童股骨颈骨折以低位经颈骨折为主

6. 关于周围神经损伤手术操作的原则，下列哪些正确
   A. 手术要采用无创伤技术
   B. 神经缝合处不能有瘢痕阻挡
   C. 神经缝合要具有一定的张力
   D. 有神经缺损时可考虑行神经移植术
   E. 神经松解要从有瘢痕的部位开始游离

7. 腰椎间盘突出症不包括
   A. 纤维环破裂
   B. 后纵韧带破裂
   C. 髓核突出
   D. 软骨板松动
   E. 黄韧带破裂

8. 下列哪些不属于膝关节弓状韧带复合体
   A. 腓侧副韧带
   B. 腘肌腱
   C. 后外侧深层关节囊
   D. 腓肠肌外侧头
   E. 胫腓韧带

9. 肩袖的组成
   A. 三角肌
   B. 小圆肌
   C. 冈上肌
   D. 冈下肌
   E. 肩胛下肌

10. 不参与椎体连接的结构是
   A. 椎间盘
   B. 前纵韧带
   C. 后纵韧带
   D. 黄韧带
   E. 关节突关节

11. 下列关于手的神经支配，错误的是
   A. 正中神经支配大部分鱼际肌
   B. 桡神经支配骨间肌
   C. 正中神经支配拇收肌
   D. 尺神经支配骨间肌
   E. 手背外侧半皮肤由桡神经支配

12. 对于肩关节前脱位的治疗，下列哪些正确
   A. 应首先手法复位，一般可在局麻下进行
   B. 常采用 Hippocrates 法复位
   C. 复位成功，Dugas 征由阳性转为阴性
   D. 复位后次日，应立即开始活动肩关节，以防粘连形成肩周炎
   E. 超过 2 周的肩关节脱位，试图复位失败后，需及时切开复位

13. 下列哪些不是骨肿瘤的生长方式
   A. 膨胀性生长
   B. 浸润性生长
   C. 弥漫性生长
   D. 外生性生长
   E. 内生性生长

14. 下列哪些不是恶性骨肿瘤的化验表现
   A. 贫血
   B. 血清锌下降
   C. 碱性磷酸酶可升高
   D. 尿酸增高
   E. 酸性磷酸酶可升高

15. 关于人工髋关节置换，下列说法正确的是
   A. 60 岁，股骨头坏死，髋关节破坏，屈曲畸形，可行人工髋关节置换术
   B. 年轻患者的转子间粉碎骨折，也可行人工关节置换治疗
   C. 老年股骨颈头下型骨折，身体状况良好者，可一期行人工髋关节置换
   D. 化脓性髋关节炎可在清创的同时行人工髋关节置换治疗
   E. 青壮年股骨头骨骺滑脱可行人工髋关节置换治疗

三、共用题干题

以下每道考题有 2 ~ 6 个提问，每个提问有 5 个备选答案，请选择 1 个最佳答案。(每题 1 分，共 15 ~ 20 分)

(1 ~ 3 题共用题干)

女性，50 岁。因弯腰拾物时突发腰痛伴左下肢放射痛。既往有反复发作的腰痛病史。查体腰椎轻度侧弯，腰 4、5 椎间隙左侧旁开 1.5cm 压痛并向下肢放射，左下肢皮肤感觉同右侧无异常，左下肢直腿抬高试验（+）。

1. 首先考虑的疾病是
   A. 腰椎原发性肿瘤
   B. 腰椎间盘突出症
   C. 腰椎管狭窄症
   D. 腰肌劳损
   E. 第三腰椎横突综合征
2. 对确诊疾病最有价值的辅助检查方法是
   A. 腰椎 MRI 检查
   B. 腰椎 X 线片检查
   C. 腰椎 B 超
   D. 双下肢肌电图检查
   E. 脊髓造影
3. 该患者下肢最可能出现感觉异常的部位是
   A. 小腿外侧或足背
   B. 股前侧
   C. 小腿前内侧
   D. 小腿后及足底
   E. 臀部及股后侧

(4 ~ 5 题共用题干)

男，35 岁。半小时前从高处坠下，右股骨下端肿痛，腹部疼痛。查体：神志淡漠，股骨下端有成角畸形。

4. 该患者应首先检查哪项
   A. 生命体征
   B. 诊断性腹腔穿刺
   C. 检查有无血尿

D. 右大腿有无皮肤破损
E. 右股骨下端有无反常活动

5. 该患者最后诊断为右股骨下1/3螺旋形骨折，骨盆坐骨支及耻骨支骨折，3天后患者腹部症状消失，生命体征平稳，但出现右足背动脉搏动弱，足发凉，色苍白。此时应采取哪种治疗
A. 继续观察
B. 手法复位，夹板固定
C. 手法复位，外固定架固定
D. 手术探查血管后，外固定架固定
E. 切开复位，内固定加探查血管

(6～9题共用题干)
女性患者，40岁。右股骨上端疼痛3周。查体：右股骨上端肿胀、压痛，右髋关节活动受限。X线片：右股骨颈及转子下溶骨性骨破坏。3年前患乳腺癌，行乳腺癌根治术，局部无复发。

6. 最可能的诊断是
A. 骨肉瘤
B. 软骨肉瘤
C. 尤文肉瘤
D. 骨巨细胞瘤
E. 乳癌骨转移

7. 最佳治疗方案
A. 皮牵引，止痛，化疗
B. 单纯放、化疗
C. 右下肢髋离断
D. 瘤段切除，假体置入
E. 瘤段切除，假体置入，化疗

8. 最重要的辅助检查项目是
A. 胸部X线检查
B. 颅脑CT检查
C. 有大腿局部MRI检查
D. 血肿瘤系列检查
E. 腹部B超检查

9. 拟检查其他部位的骨骼是否有相同的病变，最重要的检查项目是
A. CT
B. 全身骨ECT
C. MRI
D. X线断层摄影
E. 骨髓穿刺、细胞学检查

(10～12题共用题干)
女性患者，20岁。摔伤1小时入院。摔倒时右手掌着地。入院查体：右腕肿胀、压痛、活动受限、畸形不明显，鼻烟窝处有压痛。X线片未见有骨折征象。

10. 最可能的诊断是
A. 腕关节软组织损伤
B. 右腕舟骨骨折
C. 月骨脱位
D. Colles骨折
E. Barton骨折

11. 急诊采取哪项措施最适合
A. 立即行腕关节CT检查
B. 进一步行腕关节MRI检查
C. 腕关节－前臂石膏固定，2周后再行X线片检查
D. 外敷膏药，严密观察随访
E. 局部冰敷、3天后热敷，逐渐活动

12. 容易产生的远期并发症是
A. 骨化性肌炎
B. 周围神经损伤
C. 关节僵硬
D. 创伤性关节炎
E. 骨折延迟愈合甚至不愈合

(13～15题共用题干)
15岁女孩，左膝关节肿胀疼痛半年，近1个月来肿胀明显，夜间痛明显。查体：左胫骨上端肿胀严重，压痛明显，浅静脉怒张，扪及一6cm×7cm硬性肿块，固定，边界不清。X线片示：左胫骨上段呈日光射线样溶骨性破坏，骨膜反应明显。

13. 最可能的诊断是
A. 左膝关节化脓性关节炎
B. 左胫骨软骨肉瘤

C. 左胫骨骨巨细胞瘤

D. 左胫骨骨肉瘤

E. 左胫骨骨软骨瘤恶变

14. 术前准备，应常规检查

A. 全身骨 ECT

B. 头颅 CT

C. 腹部 CT

D. 胸部 X 线摄片

E. 骨髓穿刺

15. 患者确诊为骨肉瘤，最佳治疗方案是

A. 单纯放、化疗

B. 左大腿截肢术

C. 病灶扩大切除，肿瘤假体置入，术前后化疗

D. 刮除植骨术，术前后化疗

E. 刮除骨水泥充填术，术前后化疗

（16 ~ 17 题共用题干）

男性，左手中指掌指关节处掌面近端 3cm 被锐器刺伤 2 小时。查体：中指呈伸直位，感觉障碍，手指苍白发凉，Allen 试验（+）。

16. 该患者诊断考虑为

A. 皮肤及左中指屈指肌腱裂伤

B. 手指固有神经损伤

C. 开放性掌骨骨折

D. 左中指屈指肌腱、两侧指固有神经和指动脉开放性损伤

E. 左中指指伸肌腱损伤

17. 该患者的治疗方案是

A. 清创后，吻合动脉，神经、肌腱二期修复

B. 清创后，修复肌腱，吻合动脉，神经二期修复

C. 清创后修复屈指肌腱、神经，吻合动脉，缝合创口

D. 清创后，缝合伤口，神经、肌腱、动脉二期修复

E. 清创后，修复肌腱和神经

四、案例分析题

每个案例至少有 2 个提问，每个提问有多个备选答案，其中正确答案有 1 个或几个。（每选择一个正确答案得 1 分，每选择错一个答案扣 1 分，直至本题扣至 0 分，共 15 ~ 20 分）

（1 ~ 6 题共用题干）

患者男，既往常感颈肩部酸痛，偶伴左手麻木。近 3 个月来反复发作左上肢痛，休息后可以缓解。2 天前骑自行车不慎倒地，感左臂疼痛加剧，尤感夜间为著，不能入睡。经休息及口服“镇痛药”不能缓解，就诊于急诊。查体：一般状况好，四肢肌力 5 级，双膝反射正常，左拇指、示指及中指背侧触觉减退，Eaton 试验（+）。

1. 为明确诊断，还应做的检查是

A. 颈椎正侧位 X 线片

B. 颈椎 CT

C. 颈椎 MRI

D. 颈脊髓造影

E. 肌电图

F. 皮质诱发电位

2. MRI 示 C_5/C_6 椎间盘突出，中央偏左侧，综合体格检查及辅助检查，诊断为

A. 食管压迫型颈椎病

B. 椎动脉型颈椎病

C. 神经根型颈椎病

D. 脊髓型颈椎病

E. 交感神经型颈椎病

F. 颈椎骨折脱位

3. 诊断中需与之鉴别的疾病是

A. 尺神经炎

B. 胸廓出口综合征

C. 颈背部筋膜炎

D. 肌萎缩型侧索硬化症

E. 肘管综合征

F. 强直性脊柱炎

4. 对于该患者，如行手术治疗应选择

A. 颈椎后路单开门椎管扩大成形术

B. 颈椎后路全椎板切除术

C. 颈椎前后联合入路手术
D. 颈椎前路单间隙减压植骨内固定术
E. 颈椎前路椎体次全切除植骨内固定术
F. 颈椎侧前方入路

5. 手术治疗应遵循的基本原则是
A. 脊髓、神经组织的减压
B. 相邻节段的减压
C. 恢复椎间隙的高度
D. 切除部分椎体
E. 切除上、下相邻椎节终板

6. 颈椎前路手术的优点在于
A. 符合颈椎病的病理生理特点
B. 直接解除病灶对脊髓硬膜囊、神经根及椎动脉的压迫
C. 术中及术后的并发症少
D. 患者术后无需颈部支具固定
E. 颈椎管获得充分的减压效果
F. 符合颈椎病的生理特点
G. 手术主要切除突出变形的椎间盘

骨外科副主任/主任医师职称考试冲刺押题试卷

模拟试卷七

辽宁科学技术出版社
LIAONING SCIENCE AND TECHNOLOGY PUBLISHING HOUSE

一、单选题

以下每道考题有5个备选答案，请选择1个最佳答案。(每题1分，共35分)

1. 以下哪个部位是狭窄性腱鞘炎最常发生的部位
   A. 拇指
   B. 环指
   C. 中指
   D. 食指
   E. 无名指

2. 下列哪项不是肩袖的组成部分
   A. 肩胛下肌
   B. 小圆肌
   C. 喙肱肌
   D. 冈上肌
   E. 冈下肌

3. 女孩，10岁。左髋曾有外伤，逐渐出现左下肢跛行。诉左膝疼痛，并有夜痛，同时伴有低热、食欲减退等。体检：腰椎轻度前凸，左髋 Thomas 征阳性，股内收肌痉挛，并股四头肌萎缩。临床诊断最可能为
   A. 滑膜炎
   B. 早期类风湿关节炎
   C. 髋关节早期滑膜结核
   D. 感染
   E. 骨肉瘤

4. 40岁女性，双手腕关节及掌指关节肿痛3个月，怀疑为类风湿关节炎。最有可能出现异常的实验室检查是
   A. 血小板计数
   B. 红细胞沉降率
   C. 寻找红斑狼疮细胞
   D. 类风湿絮状沉淀试验
   E. 抗链球菌溶血素“O”滴定度

5. 骨折整复的基本原则是
   A. 近端对远端
   B. 远端对近端
   C. 严格对线
   D. 两端牵拉
   E. 两端挤压

6. 尺桡双骨折易导致
   A. 股神经损伤
   B. 筋膜室综合征
   C. 骨旋转功能障碍
   D. 尺神经损伤
   E. 正中神经损伤

7. 骨筋膜室综合征首先应进行的处理是
   A. 施行矫形手术
   B. 立即撤除外固定
   C. 继续观察2小时，如无好转再行处理
   D. 立即切开复位，解除对血管的压迫
   E. 立即手术切开深筋膜减压

8. 对于开放性骨折的清创术，下列哪个步骤不恰当
   A. 常规用止血带
   B. 切除1～2mm的污染皮缘
   C. 切除失去活力的组织
   D. 任何神经均应尽量保留
   E. 与周围组织仍有联系的碎骨片应予切除

9. 患者男，39岁。左手背玻璃割伤3小时。查体：左手背尺侧多处皮肤裂伤，深达皮下，伤口流血，中指、环指掌指关节呈屈曲位。最有可能的诊断是
   A. 中指、环指指伸、指屈肌腱断裂
   B. 中指、环指指浅屈肌腱断裂
   C. 第2、3掌骨骨折

D. 中指、环指指伸肌腱断裂
E. 中指、环指指深屈肌腱断裂

10. 肱骨干上 1/3 骨折（三角肌止点以上，胸大肌止点以下），近端移位方向是
A. 向外向下
B. 向后向外
C. 向前向内
D. 向外向上
E. 以上都不是

11. 桡骨上 1/3 骨折手术注意不要损伤哪条神经
A. 桡神经浅支
B. 桡神经深支
C. 正中神经
D. 前臂内侧皮神经
E. 尺神经

12. 下面除哪项外，均属于胫骨平台分型
A. 单纯胫骨外侧髁劈裂骨折
B. 外侧平台凹陷骨折
C. 外侧髁劈裂合并平台塌陷骨折
D. 内侧平台骨折，可表现为单纯胫骨内侧髁劈裂骨折或内侧平台塌陷
E. 以上均属于

13. 下列哪一类骨折可采用非手术治疗
A. 单纯的劈裂骨折有明显移位者
B. 平台中央塌陷骨折，在 1cm 以内的塌陷
C. 第 5 型和 6 型胫骨平台骨折
D. 分离移位 2cm 的肱骨中段骨折
E. 有明显移位的内侧平台骨折

14. CT 检查在骨盆骨折的应用中以下哪项是正确的
A. 显示骨盆骨折的整体较普通 X 线照片好
B. 不能显示软组织损伤，如韧带损伤、血肿、大血管损伤
C. 能够显示局部微小损伤，如骶骨裂缝骨折、坐骨结节撕脱骨折等
D. 不能够进行三维重建，可使骨盆直观的展现
E. 对判断骨盆损伤的稳定性没有帮助

15. 常用的骨盆骨折 X 线检查不包括
A. 髋臼左右斜位片
B. 骨盆入口位片
C. 骨盆出口位片
D. 骨盆正位片
E. 骨盆前后位片

16. 尺神经损伤最容易出现的畸形是
A. 枪刺样畸形
B. 爪形手畸形
C. 垂腕畸形
D. 银叉样畸形
E. 天鹅颈样畸形

17. 患者男，42 岁，乘车时盘腿而坐，突然刹车时右膝关节受撞击致右髋关节疼痛不能活动 6 小时，查体：患肢缩短，右髋关节屈曲、内收、内旋畸形。应首先考虑的诊断是
A. 髋关节脱位
B. 髋关节后脱位
C. 髋关节前脱位
D. 髋关节脱位合并膝关节损伤
E. 髋关节中心脱位

18. 关于手部皮肤切割的处理，下列哪项不正确
A. 应在伤后 6 ~8 小时进行清创术
B. 最好在止血带下进行清创
C. 创口力争一期闭合
D. 切除皮缘多多益善，以防感染
E. 伤后超过 24 小时，可进行二期处理

19. 断肢再植吻合血管时，其所吻合的动、静脉比例为
A. 1∶3 为宜
B. 1∶2 为宜
C. 1∶4 为宜
D. 2∶1 为宜
E. 2∶1.5 为宜

20. 男，36 岁，20 小时前右拇指末节指腹尺侧被机器切削，软组织缺损 1.7cm × 1cm，指骨外露，创面污染，应采用的处理方法为
A. 清创后一期中厚皮片游离植皮
B. 清创后末节短缩缝合
C. 清创后一期腹股沟皮瓣植皮
D. 清创后人造皮或凡士林纱布暂时覆盖，72 小时后再次清创，环指岛状皮瓣植皮
E. 清创后游离皮瓣植皮

21. 骨软骨瘤好发于
A. 扁平骨
B. 长骨骨干
C. 指骨干骺端
D. 椎骨
E. 长骨干骺端

22. 骨肉瘤保肢手术的指征是
A. 有无法治愈的转移病灶
B. ⅡA 期和化疗反应良好的ⅡB 期肿瘤
C. 重要的血管神经严重受累
D. 化疗过程中肿瘤仍不断增大
E. 病理性骨折周围组织污染严重

23. 下列哪项可以作为骨关节前脱位确诊的依据
A. 肿胀
B. 疼痛
C. 功能障碍
D. 异常活动
E. 关节弹性固定伴空虚

24. 有关化脓性关节炎与关节结核的鉴别，哪项无价值
A. 局部是否有红肿、疼痛、皮温明显增高
B. 是否有高热等急性全身表现
C. 血和关节液的白细胞总数和中性粒细胞增多的程度
D. 浮髌试验阳性
E. 关节液是否培养出革兰阳性球菌

25. 不属于治疗类风湿性关节炎的药物是
A. 双氯芬酸钠
B. 塞来昔布
C. 雷公藤
D. 万古霉素
E. 泼尼松

26. 腓骨头骨折易损伤
A. 坐骨神经
B. 胫神经
C. 腓总神经
D. 股神经
E. 正中神经

27. 胫骨平台和腓骨头骨折后，患者足背前内侧感觉障碍，踝关节背屈受限，损伤的是
A. 坐骨神经
B. 股神经
C. 胫神经
D. 腓总神经
E. 肌皮神经

28. 有关骨肉瘤的特点错误的是
A. 发生于长骨干骺端
B. 均为溶骨性骨破坏
C. 肿瘤细胞异型性明显
D. 肿瘤组织侵蚀骨皮质

E. 易发生血行转移

29. 下列骨肿瘤中随发育停止而停止生长的是
A. 骨软骨瘤
B. 软骨瘤
C. 骨肉瘤
D. 骨巨细胞瘤
E. 软骨肉瘤

30. 骨巨细胞瘤 X 线表现为
A. 外生性，但无任何破坏
B. 位于干骺端，可见有分隔
C. 偏心性，位于骨端，溶骨性破坏
D. 骨破坏，可见 Codman 三角
E. 骨性破坏，可见片状钙化

31. 下列哪种疾病与股骨头坏死无关
A. Legg－Calve－Perthes 病
B. 减压病
C. 酒精中毒
D. 股骨转子间骨折
E. 激素

32. 早期诊断股骨头坏死下列哪种方法最佳
A. X 线摄片
B. 彩超
C. MRI
D. CT
E. 动脉造影

33. 下述类型的骨折中，最不稳定的是
A. 嵌插骨折
B. 横形骨折
C. 粉碎性骨折
D. 青枝骨折
E. 裂缝骨折

34. 最容易导致上肢缺血性肌挛缩的骨折是
A. 肱骨髁粉碎性骨折
B. Colles 骨折
C. 尺骨鹰嘴骨折
D. 胫骨骨干骨折
E. 肱骨髁上骨折

35. 反科雷（Colles）骨折（Smith 骨折）的典型移位是
A. 近侧端向桡侧移位
B. 远侧端向尺侧移位
C. 远侧端向掌侧移位
D. 近侧端向掌侧移位
E. 近侧端旋转移位

二、多选题

以下每道考题有 5 个备选答案，每题至少有 2 个正确答案。（每题 2 分，多选、少选均不得分，共 30 分）

1. 属于稳定骨折的有
A. 尺骨青枝骨折
B. 股骨颈骨折 Garden 分型 Ⅰ 型
C. 胫骨裂纹骨折
D. 股骨头粉碎性骨折
E. 肱骨发生投弹骨折

2. 关于颈椎病，下列说法正确的是
A. 交感型颈椎病最多见
B. 神经根型表现为手部麻木无力
C. 可有心动过速等交感神经表现
D. 骨赘压迫食管可引起吞咽困难
E. 不会导致截瘫

3. 先天性马蹄内翻足术后并发症包括
A. 空凹足
B. 脚癣
C. 矫枉过正
D. 跖内收和腓骨肌力弱
E. 术后僵硬和强直

4. 强直性脊柱炎骶髂关节 X 线改变中期表现特点为

A. 关节间隙狭窄
B. 骶髂关节明显骨质破坏
C. 关节面硬化、囊变
D. 关节部分强直
E. 关节面皮质中断

5. 关节成形术（包括人工关节置换术）治疗类风湿关节炎和强直性脊柱炎的适应证为
A. 关节破坏严重，功能障碍，不宜做关节融合术
B. 关节已骨性或纤维性强直
C. 关节周围皮肤条件及肌肉力量较好
D. 病变基本静止，红细胞沉降率接近正常
E. 关节周围皮肤和肌肉调节极差

6. 骨肉瘤的新治疗方案包括以下哪些
A. 术前化疗
B. 术前化疗的评估
C. 手术
D. 术后放疗
E. 以上均正确

7. 骨盆坐骨支骨折患者于家中休养 3 天后因发热而入院，诊断盆腔感染。有关其发病机制，正确的是
A. 因坐骨支骨折刺破直肠形成开放骨折
B. 直肠后血运丰富，感染易扩散
C. 早期直肠指诊有血是明确诊断的重要手段
D. 及时的清创、修补裂口是预防的关键
E. 若直肠后腹膜撕裂，可进一步发展为腹腔感染

8. 胸椎结核截瘫的原因包括以下哪些
A. 病理骨折脱位
B. 结核性病变物质压迫
C. 椎体后缘骨嵴压迫，脊髓变性
D. 椎管内纤维组织增生压迫
E. 脊髓血管栓塞

9. 患者女性，由马车上摔下，出现颈部疼痛，颈椎前屈僵硬，四肢感觉运动正常。X 线片示：颈 5 椎体向前脱位，椎弓根骨折，诊断无脊髓损伤性颈椎骨折脱位。有关其致伤机制，下列哪些说法是错误的
A. 椎弓根骨折，致椎管前后结构分离，形成足够的安全间隙是脊髓得以完整的原因
B. 骨折脱位时后部相邻椎体间黄韧带撕裂，棘突及椎板张开是脊髓损伤较小的原因
C. 多由屈曲性损伤造成
D. 一经诊断，必须立即将屈曲的颈椎伸展复位，以恢复正常的解剖关系
E. 手术的目的在于清除局部血肿及增生组织，解除压迫

10. 关于骨巨细胞瘤的特点，下列哪些是正确的
A. 局部刮除后容易复发
B. 病灶多在长骨骨端
C. 属于潜在恶性肿瘤
D. 多见于成人
E. 肿瘤可穿破骨皮质侵入软组织

11. 关于骨折临床愈合的标准不包括
A. 连续锻炼 2 周骨折处不变形
B. 局部无反常活动
C. X 线片示骨折线消失
D. 局部无压痛及纵向叩击痛
E. 局部压痛无反常活动

12. 髋关节滑膜结核的早期临床表现不包括
A. 关节疼痛
B. 局部肿胀显著
C. 跛行
D. X 线检查关节间隙增宽
E. 全身中毒症状明显

13. 股骨粗隆间骨折出现的症状体征有

A. 下肢短缩畸形
B. 髋部肿胀压痛
C. 下肢外旋90°畸形
D. 骨盆分离试验阳性
E. 可伴有内收畸形

14. 恶性肿瘤的保肢重建技术有
A. 关节融合术
B. 人工假体置换术
C. 肿瘤灭活再植术
D. 带血管自体骨移植术
E. 旋转成骨术

15. 神经肉瘤的特点包括
A. 起源于周围神经鞘，由恶性纤维母细胞组成
B. 多发于躯干大神经近侧，可压迫神经
C. 出现时即已ⅡB期病变
D. 肿瘤切面纤维呈灰白色
E. 治疗以手术切除、放射治疗为主

三、共用题干题

以下每道考题有2~6个提问，每个提问有5个备选答案，请选择1个最佳答案。(每题1分，共20分)

(1~2题共用题干)

男性患者，16岁。自诉跛行，有时跌跤已有12年，4岁时因“感冒”曾发热38.8℃，伴有头痛，肌肉酸痛，6天后发热退，发现左足不能主动背伸。查体：左小腿肌肉萎缩，皮肤感觉正常，肌张力不高，胫前肌呈不完全性弛缓性瘫痪，进一步检查发现该患者胫前肌有收缩，但不能带动关节活动，其他肌肉肌力正常

1. 此胫前肌的肌力为
A. 0级
B. Ⅰ级
C. Ⅱ级
D. Ⅲ级
E. Ⅳ级

2. 其最可能的诊断是
A. 左肩关节软组织伤
B. 左肱骨近端不完全性骨折后
C. 脊髓灰质炎后遗症
D. 隐性脊柱裂
E. 马尾部肿瘤

(3~7题共用题干)

女性，52岁。主诉颈部不适，左肩及左前臂麻木、疼痛，行走不稳10个月余，加重1个月。查体：颈椎活动尚可，左上肢大拇指皮肤感觉减退，左侧霍夫曼征阳性。X线片示颈椎屈度减小，各间隙高度正常，双下肢膝踝反射亢进，巴宾斯征阳性。

3. 下列哪种诊断最准确
A. 肩周炎
B. 脊髓型颈椎病
C. 椎动脉型颈椎病
D. 颈椎脱位
E. 交感神经型颈椎病

4. 为明确有无后纵韧带骨化，宜行哪项检查
A. 彩超
B. CT
C. 诱发电位
D. 血常规
E. MRI

5. 如MRI示颈椎管狭窄明显，不宜行哪种治疗
A. 手术治疗
B. 牵引治疗
C. 理疗
D. 颈围制动
E. 止痛药治疗

6. 在分析病情时下列哪一项是错误的
A. X线片示颈椎各椎间隙高度正常可完全排除颈椎间盘突出
B. 椎管前后径/相应椎体前后径小于0.75是颈椎管狭窄X线片的诊断标准
C. 双下肢膝踝反射亢进，巴宾斯征阳性提示脊髓受压

D. 左上肢大拇指皮肤感觉减退提示颈6神经根受累
E. 该患者可能左侧伸腕肌力弱

7. 关于上肢关键肌的描述哪项不正确
A. 三角肌为腋神经支配为主
B. 伸腕肌为颈5神经支配为主
C. 肱三头肌为颈7神经支配为主
D. 中指指长屈肌为颈8神经支配为主
E. 小指外展肌为胸1神经支配为主

（8～12题共用题干）

老年男性，75岁。不慎从床上摔下，右髋着地。X线摄片显示：右股骨颈头下骨折。Gar－den Ⅳ型，一般情况可，化验检查基本正常。

8. 查体股骨颈骨折与股骨粗隆间骨折的主要区别是
A. 髋部肿胀
B. 髋部疼痛
C. 患侧下肢外旋60°
D. 患侧下肢轴向叩击痛
E. 患侧下肢易发生短缩畸形

9. 股骨颈骨折的体征不包括
A. 患肢有屈髋屈膝及外旋畸形
B. 患侧大粗隆升高
C. 患髋轴向叩痛
D. 患肢短缩
E. Bryant三角底边延长

10. 关于股骨颈骨折的说法，下列哪项说法不正确
A. 多发生于老年人
B. 易发生骨折不愈合
C. 易发生股骨头坏死
D. 通常保守治疗
E. 儿童股骨颈骨折患者较老年骨折患者易发生股骨头坏死

11. 股骨颈骨折Garden分型可分为几型
A. 3
B. 4
C. 5
D. 6
E. 7

12. 该骨折最适宜的治疗方法是
A. 卧床皮牵引
B. 卧床骨牵引
C. 减压植骨
D. 人工髋关节置换术
E. 卧床休息

（13～16题共用题干）

女性患者，63岁。全身不适伴多关节对称性肿痛10余年。晨起关节僵硬达1.5小时，活动后逐渐缓解。近3年患者病情加重，行走困难。查体：双膝关节轻度肿胀、屈曲挛缩畸形，活动度范围20°～75°。双手尺偏、纽扣指畸形。X线检查可见双膝骨质疏松，关节间隙明显变窄，关节周围有骨赘增生。血常规检查：WBC轻度升高，红细胞沉降率62mm/h。RF阳性。

13. 最可能的诊断是
A. 强直性脊柱炎
B. 骨性关节炎
C. 类风湿关节炎
D. 滑膜炎
E. 创伤性关节炎

14. 下列哪项对诊断没有决定性意义
A. 多关节对称性肿胀10余年
B. 晨僵达3小时
C. 类风湿因子阳性
D. 对称性关节肿胀
E. 双膝关节活动范围20°～75°

15. 这种关节炎早期主要的病变部位是
A. 关节周围肌腱
B. 软骨下骨
C. 关节滑膜
D. 关节软骨
E. 半月板及交叉韧带

16. 目前该患者最佳的治疗方法应该是
A. 保守治疗
B. 膝关节镜下关节清理术

C. 膝关节表面置换术

D. 单纯药物治疗

E. 膝关节融合术

四、案例分析题

每个案例至少有 2 个提问，每个提问有多个备选答案，其中正确答案有 1 个或几个。(每选择一个正确答案得 1 分，每选择错一个答案扣 1 分，直至本题扣至 0 分，共 15 ~ 20 分)

(1 ~ 5 题共用题干)

女性患者，23 岁。9 个月前因腰腿痛在当地医院行后入路 L_5/S_1 椎间盘切除，病理结果不详。术后 7 个月腰腿痛伴左下肢麻木症状加重，腰部出现一包块，有压痛，无红热感。查体：心率 110 次/分，T 36.6℃，下腰部可触及大小为 3cm × 2cm 包块，有触痛，左下肢小腿外侧皮肤感觉减退，左下肢直腿抬高试验（+），其余未见明显异常。实验室检查：C 反应蛋白 23.1mg/L，ESR 31mm/h，ASO 6.6U/ml，WBC 6.8×10^9/L。

1. 根据以上资料，该患者有可能患有下列哪些疾病
   A. 腰椎肿瘤
   B. 腰椎结核
   C. 腰椎间盘突出复发
   D. 腰椎半脱位
   E. 腰椎转移瘤
   F. 腰椎椎间隙感染
2. 为了明确诊断，还需要进行哪些检查
   A. 腰椎正侧位、过伸过屈位 X 线片
   B. 腰椎 CT
   C. 腹部超声
   D. 腰椎 B 超
   E. 腰椎穿刺活检
   F. 脊髓诱发电位
   G. 抽血查 AKP
   H. 腰椎 MRI
   I. 胸片
3. 患者 7 个月前于当地医院手术病理报告“L_5/S_1 椎间盘结核”，出院后一直口服抗结核药。MRI 提示 L_5/S_1 水平硬膜囊受压，L 椎体下缘、S 椎体上缘有破坏、死骨形成。B 超示腰部脓肿。诊断最可能为
   A. L_5/S_1 椎间盘结核复发
   B. L_5/S_1 椎体转移瘤
   C. L_5/S_1 椎体肿瘤
   D. L_5/S_1 椎间盘感染
   E. 腰椎滑脱
4. 根据以上资料，患者下一步的治疗应
   A. 先保守治疗，看无效再行手术治疗
   B. 保守治疗
   C. 立即进行手术治疗
   D. 加大抗结核药用量
   E. 局部制动
   F. 穿刺抽脓
5. 腰椎结核的手术并发症为
   A. 椎体后凸畸形
   B. 输尿管损伤
   C. 大血管损伤引起大出血
   D. 引起结核全身播散
   E. 局部结核病灶复发
   F. 胆囊穿孔
   G. 下肢深静脉血栓形成
   H. 脑脊液漏

(6 ~ 8 题共用题干)

男，60 岁，左髋关节疼痛 5 年，步行 200 米疼痛加重，休息后缓解不明显，夜间疼痛影响睡眠，口服“扶他林”缓解不明显。跛行步态，左髋关节内外旋明显受限，内旋诱发疼痛阳性。X 线摄影左髋关节上方间隙狭窄，软骨下骨密度增高，髋臼内侧大量骨赘形成。

6. 最可能的诊断是
   A. 左髋关节结核
   B. 左髋关节类风湿
   C. 左髋关节病变
   D. 左髋关节滑膜炎
   E. 左髋关节骨关节炎
   F. 股骨头缺血性坏死

7. 首选的治疗方法是
   A. 关节清理
   B. 人工股骨头置换
   C. 关节融合
   D. 髋关节滑膜切除
   E. 人工髋关节置换
   F. 理疗
8. 关于骨关节炎描述正确的是
   A. X 线检查以增生为主
   B. 血沉多增快
   C. X 线多正常
   D. 可累及单关节或多关节
   E. 无晨僵表现
   F. 主要累及近端指间关节，症状经休息后可自行缓解

骨外科副主任/主任医师职称考试冲刺押题试卷

模拟试卷八

辽宁科学技术出版社
LIAONING SCIENCE AND TECHNOLOGY PUBLISHING HOUSE

一、单选题

以下每道考题有5个备选答案，请选择1个最佳答案。(每题1分，共35分)

1. 下列关于肱骨外上髁炎的说法不正确的是
   A. 一经确诊，应立即行手术治疗
   B. 为伸肌总肌腱的慢性损伤性炎症
   C. 网球运动员好发
   D. 局部封闭治疗有效
   E. Mills征阳性

2. 腰肌损伤的治疗方法中，不正确的是
   A. 注意休息，防止再发病
   B. 疼痛严重时可使用止痛药物
   C. 疼痛部位进行理疗
   D. 疼痛剧烈，痛点可注射肾上腺皮质类固醇
   E. 应提高功能锻炼的强度，练习弯腰持物能力

3. 狭窄性腱鞘炎的病理改变为
   A. 肌腱炎和腱鞘炎
   B. 滑囊炎
   C. 肌腱炎和滑膜炎
   D. 腱鞘炎和滑膜炎
   E. 腱鞘炎

4. 颈椎病是否需要行手术治疗的主要依据是
   A. 医生对手术的期望程度
   B. X线平片上脊髓受压的程度
   C. CT片上颈脊髓受压的程度
   D. MRI上颈脊髓受压的程度
   E. 临床症状和体征

5. 髋关节滑膜结核的早期治疗方法是
   A. 早期做滑膜切除术，术后木板鞋制动3周
   B. 全身支持及应用抗结核药物，右下肢皮牵引，关节内注射抗结核药物
   C. 及早施行病灶清除术，经搔刮后遗留较大的空腔，可用松质骨充填
   D. 切开引流，清除脓液后，伤口闭合行抗结核药物灌洗
   E. 继续观察，无须处理

6. 女性，15岁。发热、咳嗽、咽痛1周。近2天颈背痛，头部不能前后、左右旋转，四肢查体无异常。最应考虑的诊断为
   A. 颈部肌肉僵硬、强直
   B. 寰枢椎半脱位
   C. 风湿性关节炎
   D. 强直性脊柱炎
   E. 颈椎结核

7. 类风湿关节炎最早出现的关节症状是
   A. 关节麻木
   B. 关节痛
   C. 关节肿
   D. 晨僵
   E. 关节活动障碍

8. 对确诊痛风最有价值的检查是
   A. 普食情况下，24小时尿尿酸320mg
   B. 旋光显微镜检查示受累关节腔囊液见白细胞内有双折光现象的针形结晶
   C. 红细胞沉降率29mm/h
   D. 左足第一跖趾关节X线片示软组织肿胀，软骨缘破坏，关节面不规则
   E. 血常规WBC $10.3\times10^9/L$

9. 下列关于骨与关节化脓性感染的说法，错误的是
   A. 急性血源性骨髓炎常发生在小儿长管状骨的干骺端
   B. 婴幼儿化脓性骨髓炎可并发骨骺骨

髓炎

C. 化脓性关节炎应予以局部固定

D. 化脓性关节炎常发生关节强直

E. 骨与关节化脓性感染多为大肠埃希菌感染

10. 关于中心型脊柱椎体结核说法正确的是

A. 多见于中老年人

B. 好发于腰椎

C. 病变一般侵犯多个椎体

D. 病变进展较迅速

E. 病变局限于椎体的上下缘，很快侵犯至椎间盘

11. 男性青年，25岁。玻璃割伤右前臂。如患者尺侧小指、环指出现感觉减退，考虑

A. 正中神经损伤

B. 尺神经损伤

C. 桡神经损伤

D. 肌皮神经损伤

E. 腋神经损伤

12. 关于骨脓肿，下列哪项是正确的

A. 治疗以手术切除脓腔为主，术后引流，不能一期闭合伤口

B. 本病由于细菌毒力强，患者抵抗力低，使病变局限所致

C. 致病菌常为链球菌和葡萄球菌

D. 病变呈局限性，但脓肿周围无纤维硬化包绕，患者抵抗力低时，可复发

E. 骨脓肿不属于急性骨髓炎

13. 膝关节化脓性关节炎早期治疗最好的方法是

A. 早期足量有效抗生素加急锻炼

B. 早期足量有效抗生素加早期关节切开引流

C. 中期合理有效抗生素加外固定

D. 早期足量有效抗生素加功能锻炼及理疗

E. 早期足量有效抗生素加关节穿刺抽液及注入抗生素

14. 化脓性脊柱炎最常侵犯的部位是

A. 骶骨

B. 颈胸段

C. 胸椎

D. 尾骨

E. 腰椎

15. 7岁女孩，右膝疼痛2周。查体：右膝轻压痛，右髋关节半屈曲畸形，轻度跛行。低热、盗汗、消瘦病史4个月，患肢X线片仅显示右髋关节关节间隙稍宽。最佳的治疗方法是

A. 营养、加强锻炼、全身抗结核药物治疗

B. 局部制动、营养、关节内注入抗结核药物治疗

C. 髋关节镜下滑膜切除，保护关节功能

D. 切开、关节内置管，向关节腔内注入抗结核药物

E. 卧床休息、营养、牵引、全身抗结核药物治疗

16. 骨关节结核下列哪种情况不适于手术治疗

A. 有死骨、窦道、较大脓肿

B. 脊柱结核合并截瘫

C. 经久不愈的窦道

D. 全身中毒症状严重，衰弱

E. 早期全关节结核，为抢救关节功能

17. 男性，65岁。右髋部疼痛4年，加重半年，伴跛行。酗酒史15年，平均500g/d。查体：直腿抬高试验（+），右髋“4”字征试验（+）。首先应做的检查是

A. 生化系列检查

B. 髋关节镜 + 活检
C. 摄双侧髋关节正位片
D. 髋关节穿刺 + 细菌培养
E. 摄腰椎正侧位片

18. 下列哪项不属于骨折血肿机化演进期
A. 新生的毛细血管和吞噬细胞、成纤维细胞从四周侵入
B. 骨折断端有几毫米的骨质坏死
C. 血块和坏死的软组织引起局部无菌性炎症反应
D. 骨折断端及周围软组织形成血肿
E. 骨小梁围绕着粗的脉管开始编织

19. 肱骨髁上骨折，有尺侧侧方移位，未能矫正时，最常见的后遗症是
A. 肘关节后脱位
B. 尺神经损伤
C. 肘内翻畸形
D. 肘关节前脱位
E. 前臂缺血性肌挛缩

20. 四肢骨折拆除外固定时关节活动较差，其原因是
A. 肌肉痉挛
B. 关节强直
C. 血管神经坏死
D. 骨折复位不理想
E. 关节僵硬

21. 下面关于骨折复位标准，说法错误的是
A. 骨折部位的旋转移位、分离移位必须完全矫正
B. 分离移位在成人下肢骨折不超过 2cm
C. 儿童若无骨骺损伤，下肢缩短在 2cm 以内
D. 成角移位：下肢骨折轻微地向前或向后成角，日后可自行矫正
E. 长骨干横形骨折，骨折端对位至少达 1/3 左右，干骺端骨折至少应对位 3/4 左右

22. 不属于骨折切开复位指征的是
A. 骨折断端有软组织嵌入，手法整复失败
B. 儿童青枝骨折
C. 多处骨折，为减少并发症
D. 骨折合并血管、神经损伤，需手术探查
E. 关节内的骨折，关节面移位超过 2mm

23. 关于骨筋膜室综合征描述错误的是
A. 骨折早期并发症
B. 多见于前臂掌侧和小腿
C. 多见于患侧肢体的肿胀
D. 若不能及时处理，可发生患肢坏疽
E. 青壮年不易发生

24. 不属于原始骨痂形成期范围的骨痂是
A. 位于应力轴线以外，逐步被清除的骨痂
B. 内骨痂
C. 外骨痂
D. 环状骨痂
E. 腔内骨痂

25. 肱骨中下 1/3 骨折最常见的并发症是
A. 肱动脉损伤
B. 桡神经损伤
C. 尺神经损伤
D. 桡动脉损伤损伤
E. 肌皮神经损伤

26. 胫骨中下 1/3 处骨折，愈合较慢的原因为
A. 易伴发主要血管损伤
B. 附近的周围神经损伤
C. 近骨折段血液供应减弱
D. 远骨折段血液供应减弱
E. 附近的软组织损伤

27. 股骨干上 1/3 骨折出现下列哪种畸形
A. 骨折端向后屈，而近端向前成角
B. 近端呈屈曲、外旋、外展，远端向上向外移位
C. 近端前屈，远端内收并向外侧成角
D. 远端前屈，近端向后成角
E. 近端呈伸直、内旋畸形，远端向下向外移位

28. 外伤后骨折段移位，最常见的类型为
A. 螺旋移位
B. 分离移位
C. 侧方移位
D. 缩短移位
E. 几种移位同时存在

29. 关于股骨颈骨折，下列哪项是错误的
A. 外展嵌插骨折虽属稳定骨折，但移位后可变为不稳定骨折
B. 儿童股骨颈骨折不会发生缺血坏死
C. 基底型骨折相对易愈合
D. 头下型骨折容易发生缺血性坏死
E. 股骨颈骨折愈合数年之后，还会发生缺血坏死

30. 桡骨远端骨折时侧面观察的畸形表现是
A. 垂腕畸形
B. 枪刺样畸形
C. 爪形手畸形
D. 天鹅颈样畸形
E. 银叉样畸形

31. 患者，因肇事造成耻骨骨折并刺破膀胱。检查见耻骨联合处已经塌陷。骨折分类应属于
A. 闭合性骨折
B. 骨骺分离性骨折
C. 分离性骨折
D. 压缩性骨折
E. 开放性骨折

32. 女，50 岁，左手桡侧三个手指感觉过敏，大鱼际肌萎缩，拇指对掌无力，腕部正中神经 Tinel 征阳性，屈腕试验（Phalen 征）阳性，其诊断应
A. 颈椎病，神经根型
B. 腕部腱鞘炎
C. 腕骨结核
D. 腕管综合征
E. 月骨无菌性坏死

33. 男性患者，56 岁。腰痛多年，伴双下肢痛。10 天前腰腿痛加剧，并出现排尿困难。体检：腰椎旁压痛向下肢放射，直腿抬高试验阳性。CT 示腰椎间盘突出。该患者出现排尿困难的原因是
A. L_4 神经根受压
B. L_6 神经根受压
C. S_1 神经根受压
D. S_3 神经根受压
E. 马尾神经受压

34. 股骨干骨折的患者切开复位内固定术后 1 周，进行功能锻炼的指导原则为
A. 患侧可做股四头肌舒缩活动
B. 患侧髋关节应加大活动幅度
C. 应加大患侧膝关节活动以防止粘连
D. 扶双拐下地锻炼
E. 此时患肢避免作任何活动

35. 关于脊髓型颈椎病的说法正确的是
A. 多发生于上颈段
B. 痛觉和温度觉分离
C. 早期颈肩痛明显
D. 四肢乏力，行走、持物不稳为最先出现的症状
E. 约占颈椎病的 50%

二、多选题

以下每道考题有5个备选答案，每题至少有2个正确答案。（每题2分，多选、少选均不得分，共30分）

1. 以下属于锁骨骨折并发症的有
   A. 感染
   B. 骨折延迟愈合
   C. 血管、神经损伤
   D. 下肢深静脉血栓形成
   E. 骨折不愈合

2. 膝关节外侧副韧带断裂时常见的伴发损伤包括以下哪些
   A. 内侧副韧带断裂
   B. 后交叉韧带断裂
   C. 前交叉韧带断裂
   D. 腓总神经损伤
   E. 髌韧带断裂

3. 下列哪些是脊髓性颈椎病的主要原因
   A. 连续性后纵韧带骨化
   B. 颈椎间盘急性突出
   C. 椎体后缘骨赘
   D. 颈椎骨折脱位直接压迫
   E. 脊髓横断性损伤

4. 类风湿脊柱炎的治疗目的不包括
   A. 防止不可逆神经损害的发生
   B. 防止因未被发觉的神经受压造成突然死亡
   C. 避免不必要的手术
   D. 避免上颈椎脱位
   E. 避免下颈椎脱位

5. 对桡骨的描述中不正确的是
   A. 上端膨大被称为桡骨头
   B. 位于前臂的内侧部，为一长骨
   C. 桡骨头上面无关节面
   D. 桡骨头周围有环状关节面
   E. 下端内面有尺切迹

6. 以下属于严重创伤后常见并发症的是
   A. 神经精神疾病
   B. 感染
   C. 脂肪栓塞综合征
   D. 急性肾衰竭
   E. 应激性溃疡

7. 骨折愈合过程中下列哪些是正确的
   A. 膜内化骨快于软骨内化骨，内骨痂快于外骨痂
   B. 内、外骨痂由膜、环状骨痂及腔内骨痂由软骨内化骨而来
   C. 骨痂由血肿机化而来，较大的血肿对骨愈合有利
   D. 血肿炎症机化期约需2周才能初步完成
   E. 原始骨痂形成期需4~8周完成

8. 下列哪些属于骨折切开复位内固定的适应证
   A. 手法治疗只能达到功能复位
   B. 骨折端之间有软组织嵌夹，手法复位失败
   C. 并发主要血管损伤
   D. 关节内骨折，手法复位对位差
   E. 并发主要神经损伤

9. 关节僵硬的主要原因不包括
   A. 关节内骨折未准确复位
   B. 关节软骨骨化
   C. 关节内外组织发生纤维粘连
   D. 关节附近软组织广泛骨化
   E. 关节囊及周围肌肉挛缩

10. 下列前臂前群肌中，起点不在肱骨内上髁的肌为
    A. 旋前圆肌
    B. 掌长肌
    C. 肱桡肌
    D. 指浅屈肌

E. 指深屈肌

11. 对桡动脉的描述中，错误的是
A. 行于肱桡肌的尺侧缘
B. 上 1/3 位于肱桡肌与旋前圆肌之间
C. 下 2/3 位于肱桡肌与桡侧腕屈肌之间
D. 其远侧 1/3 位置最表浅
E. 永远和心跳同步

12. 车祸导致的胫腓骨Ⅲc 度开放性骨折，一期行截肢手术的指征不包括
A. 肢体热缺血时间小于 6 小时
B. 50 岁的患者，肢体变冷无感觉
C. 胫后神经挫裂伤
D. 合并脾破裂，失血性休克
E. 严重的同侧损伤

13. 神经根型颈椎病的特点不包括
A. 改变患侧上肢位置时可诱发症状
B. 感觉神经传导速度正常
C. 多对称性发病
D. 颈椎纵向加压试验阳性
E. 必须手术治疗

14. 脊髓灰质炎后遗症的运动系统畸形常见不包括
A. 下肢畸形
B. 上肢畸形
C. 脊柱畸形
D. 鸡胸
E. 方颅

15. 关于骨肉瘤的血生化检查不正确的是
A. 血生化检查可以作为观察病情转归的重要参考指标
B. 临床大部分骨肉瘤患者碱性磷酸酶不升高
C. 在手术和化疗后碱性磷酸酶明显升高
D. 骨肉瘤复发时，碱性磷酸酶将不会再升高
E. 溶骨性和成骨性骨肉瘤碱性磷酸酶均可升高

三、共用题干题

以下每道考题有 2 ~6 个提问，每个提问有 5 个备选答案，请选择 1 个最佳答案。（每题 1 分，共 15 ~20 分）

（1 ~4 题共用题干）

患者女性，46 岁。因腰腿痛伴左小腿麻木 3 年入院。检查：$L_{4\sim5}$ 棘突间隙有压痛，左小腿外侧皮肤感觉减退，双下肢直腿抬高试验（-）。患者无结核病史，病程中无低热盗汗。

1. 根据以上资料，下述哪种疾病可以排除
A. 腰椎峡部裂
B. 腰椎滑脱
C. 腰椎椎管狭窄症
D. 腰椎间盘突出症
E. 腰椎肿瘤

2. 患者还需做哪项检查
A. 腰椎 X 线正侧位片
B. 肌电图检查
C. 椎管造影
D. 头颅 MRI
E. 腰椎穿刺及脑脊液检查

3. 辅助检查提示：腰椎小关节间部的骨质中断，$L_{4\sim5}$椎体向后移位。该患者的诊断可能是
A. 腰椎间盘突出症
B. L_5 椎弓峡部裂并 L_5 前滑脱Ⅰ度
C. 腰椎椎管狭窄症
D. 腰椎结核
E. 腰椎肿瘤

4. 该患者的手术方案是
A. 前入路 $L_{4\sim5}$椎间盘切除 + 椎间 Cage 融合 + 后路椎弓根钉系统内固定
B. 后入路 $L_{4\sim5}$椎间盘切除 + 椎间植骨
C. $L_{4\sim5}$椎间盘切除 + 横突间骨折
D. L_4 椎板切除 + 横突间植骨
E. 后入路 $L_{4\sim5}$椎间盘切除 + 椎间 Cage 融合 + 后路椎弓根钉系统内固定

(5～7 题共用题干)
44 岁男性，车祸导致右腹部及臀部肿痛、活动受限 3 小时入院。患者面容苍白、呻吟、脉速。

5. 易出现的并发症为
   A. 死亡
   B. 神经损伤
   C. 脂肪栓塞
   D. 骨筋膜室综合征
   E. 休克
6. X 线检查后明确为右髋关节脱位伴骨折，进一步行哪项检查有利于决定治疗方案
   A. MRI
   B. B 超
   C. CT
   D. 核素检查
   E. 血管造影
7. 经治疗 6 个月后，右髋活动障碍、跛行并有酸痛。应采取的措施是
   A. 理疗
   B. 服用消炎止痛药
   C. 手术
   D. X 线片检查
   E. CT 或 MRI 检查

(8～11 题共用题干)
患者男，28 岁。骑自行车不慎摔倒跌伤右大腿。大腿中段可见皮肤破损，创面少量渗血，受伤部位剧痛。急救人员到达时患者平卧于地面，且面色苍白、呼吸困难。

8. 急救的首要任务是
   A. 立即去除坏死的皮肤组织
   B. 判断生命体征和支持
   C. 包扎和止血
   D. 给予抗菌药物
   E. 复位与固定
9. 急诊室经输液后血压较低，未发现其他失血来源，X 线片证实为股骨中段骨折。患者的失血量通常为
   A. 200ml
   B. 1000ml
   C. 700ml
   D. 3000ml
   E. 1010ml
10. 急诊室经清创缝合，发现创口污染较轻，理想的治疗方法是
    A. 保守治疗
    B. 不用治疗，等患者自愈
    C. 皮肤牵引
    D. 胫骨结节牵引
    E. 髓内钉固定
11. 术后 4 个月复查，见断端骨折线清晰，无骨痂形成。进一步的处理是
    A. 断端切开植骨
    B. 继续观察，无须处理
    C. 髓内钉动力化
    D. 皮肤牵引
    E. 截肢

(12～15 题共用题干)
66 岁女性，摔伤致左肩疼痛、功能受限 2 小时，摔倒时左肩着地。

12. 该种暴力可能导致的损伤除外
    A. 颅骨骨折
    B. 肱骨干骨折
    C. 肱骨髁上骨折
    D. 肩锁关节脱位
    E. 肱骨大结节撕脱骨折
13. 拍左肩关节 X 线片示左肩关节脱位，其最可能的脱位方向为
    A. 前脱位
    B. 后脱位
    C. 上方脱位
    D. 下方脱位
    E. 外侧脱位
14. 肩关节脱位的临床表现不包括
    A. 方肩畸形
    B. Dugas 征阳性
    C. 翼状肩胛

D. 肩部肿胀
E. 肩关节疼痛

15. 如肱骨外科颈骨折后出现左肩外展无力，最可能是哪条神经出现了损伤
A. 正中神经
B. 肌皮神经
C. 尺神经
D. 桡神经
E. 腋神经

(16 ~17 题共用题干)

男，40 岁。重物自高处落下砸在右肩部造成肩关节无法抬举、肘关节屈曲障碍 4 周。

16. 最可能的诊断是
A. 软组织损伤
B. 肩关节骨折
C. 肩关节脱位
D. 肩关节脱位 + 肘关节脱位
E. 臂丛神经损伤

17. 行肌电图检查，三角肌、冈上肌、肱二头肌及肱肌均显示失神经支配。此患者可能的诊断是
A. 全臂丛神经损伤
B. 臂丛神经上干损伤
C. 臂丛神经下干损伤
D. 腋神经损伤
E. 肌皮神经损伤

四、案例分析题

每个案例至少有 2 个提问，每个提问有多个备选答案，其中正确答案有 1 个或几个。(每选择一个正确答案得 1 分，每选择错一个答案扣 1 分，直至本题扣至 0 分，共 15 ~ 20 分)

(1 ~4 题共用题干)

患者男，既往常感颈肩部酸痛，偶伴左手麻木。近 2 个月来反复发作左上肢痛，休息后可以缓解。2 天前骑自行车不慎倒地，感左臂疼痛加剧，尤感夜间为著，不能入睡。经休息及口服“镇痛药”不能缓解，急诊来院。

1. 提示：查体一般状况好，四肢肌力 5 级，双膝反射正常，左拇指、示指及中指背侧触觉减退，脊神经根牵拉试验阳性。为明确诊断，还应做的检查是
A. 颈椎正侧位 X 线片
B. 颈椎 CT
C. 颈椎 MRI
D. 颈部彩超
E. 肌电图
F. 椎间盘造影

2. 提示：患者 MRI 示 C_5/C_6 椎间盘突出，中央偏左侧，应诊断为
A. 椎管狭窄
B. 椎动脉型颈椎病
C. 神经根型颈椎病
D. 脊髓型颈椎病
E. 交感型颈椎病
F. 肩关节周围炎

3. 诊断中需与之鉴别的疾病是
A. 尺神经炎
B. 胸廓出口综合征
C. 颈背部筋膜炎
D. 肌萎缩型侧索硬化症
E. 腕管综合征
F. 椎管狭窄

4. 对于该患者，如行手术治疗应选择
A. 牵引下手法复位
B. 颈椎后路全椎板切除术
C. L 椎板切除 + 横突间植骨
D. 颈椎前路单间隙减压植骨内固定术
E. 颈椎前路椎体次全切除植骨内固定术
F. 手法按摩

(5 ~7 题共用题干)

女性患者，14 岁。因反复高热、骶尾部疼痛 5 周，加重 7 天入院。T 39 ~40℃，为阵时发热，继之逐渐出现骶部疼痛，双侧臀部疼痛，病后精神差，食欲减退，乏力。

5. 提示：T 39.4℃，P 118 次/分。专科检

查：L_4 ~ L_5 棘突及骶骨部压痛、叩痛，腹壁可见部分静脉显露，腹部稍膨隆，右下腹可扪及一包块，为长条形，约 8cm × 5cm，不活动，双下肢轻度肿胀，双臀部轻度肿胀。最可能的诊断是

A. 腰椎结核
B. 腰椎转移瘤
C. 急性化脓性脊椎炎
D. 急性胰腺炎
E. 急性阑尾炎
F. 急性胆囊炎

6. 为明确诊断应紧急检查的项目包括
A. 血常规
B. 腹部 X 线平片
C. 腹部 B 型超声
D. 腰骶段 CT
E. 胃肠造影
F. 尿淀粉酶
G. C 反应蛋白
H. 红细胞沉降率

7. 有关化脓性脊椎炎的治疗，正确的是
A. 急性化脓性脊椎炎早期诊断常有一定困难，易与败血症、腰部软组织化脓性感染相混淆，凡疑有化脓性脊椎炎者，均应按本病尽早治疗，边治疗边进一步检查
B. 在确诊或疑为急性化脓性脊椎炎时，应及时给予有效广谱抗生素治疗，待细菌培养及找出敏感抗生素后再及时调整
C. 因切开引流容易造成病灶扩散，故不宜行脓肿引流术
D. 急性化脓性脊椎炎，一旦出现脊髓压迫症状，如下肢无力、感觉改变或尿潴留等症状，应紧急行 CT 扫描检查。如显示为硬膜外有脓肿压迫脊髓时，立即行椎板切除、硬膜外脓肿引流，以防止截瘫加重
E. 凡疑有化脓性脊椎炎者，应立即采用两种或以上抗生素联合应用，尽早控制感染

骨外科副主任/主任医师职称考试冲刺押题试卷

模拟试卷九

辽宁科学技术出版社
LIAONING SCIENCE AND TECHNOLOGY PUBLISHING HOUSE

一、单选题

以下每道考题有5个备选答案，请选择1个最佳答案。(每题1分，共35分)

1. 缺血性肌挛缩最早出现的临床表现是
   A. 脉搏减弱
   B. 活动障碍
   C. 苍白
   D. 感觉异常
   E. 剧烈疼痛

2. 多发外伤患者，同时存在股骨、胫腓骨及骨盆骨折，在急救中应首先注意哪项并发症
   A. 创口感染
   B. 坠积性肺炎
   C. 尿道损伤
   D. 脂肪栓塞
   E. 骨筋膜室综合征

3. 腕管综合征是下列哪项组织在腕管中受压
   A. 尺神经
   B. 桡神经
   C. 正中神经
   D. 尺动脉
   E. 桡动脉

4. 下列哪项不是骨折的早期并发症
   A. 休克
   B. 感染
   C. 神经损伤
   D. 坠积性肺炎
   E. 脂肪栓塞

5. 骨折急救处理时最重要的是下列哪项
   A. 立即复位固定
   B. 清洁裸露骨折端
   C. 均需使用止血带
   D. 患肢的固定
   E. 清洁创口

6. 治疗骨折的三大原则是
   A. 复位、固定和功能锻炼
   B. 抗炎、固定、功能锻炼
   C. 复位、固定、抗炎治疗
   D. 复位、固定、物理治疗
   E. 抢救生命，保护患肢，迅速转运

7. 下列哪种骨折最常以切开复位治疗
   A. 锁骨骨折
   B. 髂骨翼骨折
   C. 趾骨骨折
   D. 股骨髁间骨折
   E. 桡骨远端骨折

8. 一般认为开放性骨折创口在多长时间内清创，且创口绝大多数能一期愈合
   A. 12～24小时
   B. 8～12小时
   C. 6～8小时
   D. 24小时以内
   E. 12～24小时

9. 髌骨软骨软化症的治疗，下列哪项是错误的
   A. 理疗
   B. 局部封闭
   C. 确诊后应手术治疗
   D. 服用消炎镇痛药
   E. 加强股四头肌锻炼

10. 造成骨折不愈合的最严重因素是
   A. 高龄
   B. 骨折间有软组织嵌入
   C. 骨折部位血肿

D. 应用糖皮质激素
E. 畸形位置固定

11. 女性，35 岁，前臂被铁棒击伤，X 线片显示尺、桡骨骨折，近端平行排列，而骨折远端侧与桡骨重叠于尺骨之上。该骨折的位置在
A. 肱二头肌止点与旋后肌止点之间
B. 旋前圆肌止点与旋前方肌止点之间
C. 肱桡肌止点与旋前圆肌止点之间
D. 旋后肌止点与旋前圆肌止点之间
E. 旋前方肌与肱桡肌止点之间

12. 锁骨中段骨折后，远端移位的方向通常是
A. 向下向前
B. 向上向前
C. 向下向后
D. 向上向后
E. 以上均不正确

13. 右锁骨中段骨折，通常选用哪种治疗方法
A. 手法复位，石膏固定
B. 切开复位内固定
C. 三角巾悬吊固定，观察血管神经情况
D. 外固定支架固定
E. 手法复位，“8”字绷带固定

14. 儿童锁骨青枝骨折的治疗方法为
A. 石膏托固定
B. “8”字绷带固定
C. 切开复位以达到解剖复位
D. 不做特别治疗，仅用三角巾悬吊 3 ~ 6 周
E. 无需处理，早期功能训练

15. 最有助于鉴别股骨粗隆间骨折与股骨颈骨折的是
A. 髋部的肿胀瘀血
B. 患肢缩短大于 2cm
C. 患肢内收近 90°
D. Bryant 三角底边缩短
E. 患肢外旋近 90°

16. 股骨干闭合性横折，首选治疗方式为
A. 手法复位，克氏针固定
B. 切开复位内固定术
C. 皮牵引加小夹板固定
D. 手法复位，石膏固定
E. 外固定

17. 关于肱骨髁上骨折的叙述正确的是
A. 多为间接暴力引起
B. 屈曲型肱骨髁上骨折易并发血管神经损伤
C. 伸直型骨折肘后三角异常
D. 伸直型肱骨髁上骨折不容易导致前臂骨筋膜室综合征
E. 合并血管神经损伤者应保守治疗

18. 在对各级肌力的表述中，下列错误的是
A. 1 级：肌完全不能收缩，为完全瘫痪
B. 2 级：肌收缩可使关节活动，但不能对抗重力
C. 3 级：能有关节活动，但不能对抗阻力
D. 4 级：能对抗一定阻力，但肌力较弱
E. 5 级：肌力正常

19. 伸直型桡骨下端骨折的畸形是
A. 爪型
B. 餐叉型
C. 尺偏型
D. 猿手
E. 垂腕

20. Monteggia 骨折的临床表现是
A. 桡骨干上 1/3 骨折合并桡骨小头脱位
B. 尺骨干上 1/3 骨折合并尺骨头脱位

C. 桡骨干下 1/3 骨折合并桡骨小头脱位
D. 尺骨干下 1/3 骨折合并桡骨小头脱位
E. 尺骨干上 1/3 骨折合并桡骨小头脱位

21. 股骨颈骨折的体征不包括下列哪项
A. 患肢常有外旋畸形
B. 患肢短缩
C. 大转子突出
D. 患髋轴向叩痛
E. 患肢延长

22. 65 岁以上患者头下型股骨颈骨折常用的治疗方法是
A. 保守治疗
B. 人工髋关节置换
C. 皮肤牵引
D. 卧床休息
E. 切开复位内固定

23. 股骨干骨折后常见的并发症不包括
A. 失血性休克
B. 神经损伤
C. 血管损伤
D. 脂肪栓塞
E. 感染性休克

24. 胫骨易发生骨折的部位是
A. 上端干骺端部位
B. 横切面三棱形部位
C. 横切面三棱与四边形移位部位
D. 横切面四边形部位
E. 以上部位均不是

25. 脊柱创伤造成脊髓休克，是由于
A. 外伤后脊髓神经受到破坏
B. 骨折片刺入脊髓
C. 脊髓受到血肿压迫
D. 这是失去高级中枢控制的一种病理现象
E. 脊髓上下行传导束遭到破坏

26. 颈椎压缩性骨折合并脱位首选的治疗方法是
A. “8”字绷带固定
B. 手法复位，头颈胸石膏外固定
C. 颅骨牵引
D. 切开复位
E. 枕颌带牵引

27. 对 Jefferson 骨折描述正确的是
A. 寰椎前弓骨折
B. 寰椎后弓骨折
C. 寰椎双侧前后弓骨折
D. 单侧隆椎前后弓骨折
E. 寰椎侧块粉碎性骨折

28. 胸腰椎椎体水平状撕裂性损伤属于下列哪种分类
A. 爆裂型骨折
B. 垂直压缩性损伤
C. Chance 骨折
D. 牵张型损伤
E. 屈曲牵张型损伤

29. 有关齿突骨折的叙述，正确的是
A. 对齿突骨折的机制已了解得很透彻
B. Ⅱ型齿突骨折预后愈合率高，预后好
C. Ⅲ型齿突骨折稳定性好，血供好，预后较好
D. Ⅰ型齿突骨折较不稳定，并发症多，预后不好
E. 以上均错误

30. 脊髓震荡是指
A. 脊髓挫伤
B. 脊髓横断
C. 最轻微的脊髓损伤
D. 脊髓裂伤
E. 脊髓血供障碍

31. 以下哪项不属于骨盆骨折

A. 骶骨骨折
B. 尾骨骨折
C. 关节突骨折
D. 髂前下棘撕脱
E. 耻骨联合分离

32. 骨盆环由下列哪些结构构成
A. 髂骨与尾骨
B. 耻骨坐骨和骶尾骨
C. 髋骨与骶尾骨
D. 髋骨和骶骨
E. 耻骨坐骨和尾骨

33. 下列哪种情况不是骨盆骨折本身的并发症
A. 直肠损伤
B. 脊髓震荡
C. 失血性休克
D. 膀胱损伤
E. 尿道损伤

34. 男性，20 岁。右大腿包块 2 个月就诊。对其进行物理学检查时，未遵照物理学检查原则进行的是
A. 先健侧后患侧
B. 先远处后患处
C. 先被动后主动
D. 先与显露两侧对比
E. 动作轻柔，尽量不增加患者痛苦

35. 以下关于骨盆骨折的诊断错误的是
A. 患者尿道无损伤，则排出的尿液清澈
B. 如果患者不能自主排尿，应首先导尿
C. 多次腹腔穿刺得出的阳性结果价值小于初次穿刺
D. 尿道口流血，导尿管难以插入膀胱内提示后尿道损伤
E. 腹腔穿刺阴性结果说明腹腔内脏器无损伤

二、多选题

以下每道考题有 5 个备选答案，每题至少有 2 个正确答案。(每题 2 分，多选、少选均不得分，共 30 分)

1. 关于脊髓灰质炎后遗症描述错误的是
A. 骨关节畸形的矫正和关节融合术，需在患者 12 岁以前施行
B. 手术的目的是恢复患肢肌力，预防和矫正畸形
C. 双下肢不等长者可行肢体延长术
D. 骨关节畸形严重，骨性手术无矫正作用
E. 骨髓灰质炎后遗症可通过手术恢复患肢功能，预防和矫正畸形

2. 关于骨肿瘤的生化检查正确的是
A. 浆细胞骨髓瘤，总蛋白浓度可升高
B. 广泛性溶骨性转移，血清钙常升高
C. 前列腺癌扩散，血清酸性磷酸酶升高
D. 血清碱性磷酸酶正常，不能排除恶性肿瘤
E. 成骨性骨肿瘤，血清碱性磷酸酶升高

3. 下列哪些不是骨软骨瘤的特点
A. 生长较快，伴明显疼痛
B. 肿块明显，并可见其表面静脉怒张
C. 骨软骨瘤恶变可出现疼痛、肿胀、软组织肿块等症状
D. X 线检查见骨膜反应
E. 肿块与周围界限不清

4. 组织修复过程中的肉芽组织由以下哪些组成
A. 内皮细胞
B. 上皮细胞
C. 成纤维细胞
D. 脱落的细胞
E. 新生血管

5. 有关骨性关节炎的描述，正确的是

A. 骨性关节炎的基本病变主要为关节软骨变性和增生
B. 主要累及远端指间关节，症状经休息后可自行缓解
C. 晨僵不足半小时，类风湿性因子阴性
D. X 线检查以增生为主
E. 需要长期接受抗炎药物和改变病程的药物治疗

6. 产生脊柱退变性侧弯的常见原因为
A. 小关节增生及半脱位
B. 椎间盘退变
C. 骨质疏松及椎体塌陷
D. 椎体旋转
E. 棘突旋转

7. 关于化脓性关节炎，正确的是
A. 好发于髋、膝关节
B. 多见于儿童
C. 金黄色葡萄球菌是最常见的致病菌
D. 可以并发纤维性或骨性强直
E. 细菌多数是经血液循环进入关节

8. 属于关节的基本结构是
A. 关节面
B. 关节囊
C. 关节腔
D. 关节盘
E. 滑膜囊

9. 骨与关节结核适宜做病灶清除术的适应证为
A. 不能自行吸收的脓肿
B. 长期不愈的窦道
C. 有脊髓神经压迫症状
D. 不易控制的单纯滑膜结核
E. 全身多发性结核，一般情况差

10. 关于骨与关节结核，不正确的是
A. 脊柱结核大多数为附件结核
B. 骨关节结核最好发于膝关节
C. 骨关节结核大多发生于原发性结核的活动期
D. 单纯滑膜结核最好发于骶髂关节
E. 椎体中心型结核多见于成年人

11. 先天性髋脱位的继发性病变为
A. 股骨头坏死
B. 腰脊柱侧凸
C. 腰前凸增加
D. 腰肌劳损
E. 脊柱创伤性关节炎

12. 常用显微外科技术来完成的手术操作为
A. 断指再植
B. 断臂再植
C. 股薄肌移植矫治面瘫
D. 骨膜游离移植
E. 桡动脉吻合

13. 可以减少下肢深静脉血栓形成的措施为
A. 早期下床活动
B. 绝对卧床休息
C. 抗凝药物使用
D. 持续应用弹力袜
E. 足底静脉泵

14. 股骨粗隆间骨折出现的症状体征有下列哪些
A. 下肢外旋 60°畸形
B. 髋部肿胀压痛
C. 下肢外旋 90°畸形
D. 骨盆分离试验阳性
E. 下肢短缩畸形

15. 有关婴儿先天性髋脱位的 X 线检查，下列哪些是正确的
A. 髋臼角增大
B. 颈闭孔线不成一完整的弧形
C. 股骨头的骨化中心在 Perkin 线的外

侧，即不在内下区

D. 股骨头骨化中心较健侧为小

E. 患侧股骨颈前倾角加大

三、共用题干题

以下每道考题有2~6个提问，每个提问有5个备选答案，请选择1个最佳答案。（每题1分，共15~20分）

（1~2题共用题干）

男性，24岁。车祸导致右肱骨干骨折，骨折近段外露。查体：患者有垂腕、垂指畸形，虎口区感觉障碍。

1. 正确诊断是
   A. 右肱骨干开放性骨折伴正中神经损伤
   B. 右肱骨干开放性骨折伴尺神经损伤
   C. 右肱骨干骨折
   D. 右肱骨干开放性骨折伴桡神经损伤
   E. 右肱骨干粉碎性骨折伴桡神经损伤
2. 较好的治疗方案是
   A. 清创缝合，手法复位，内固定
   B. 清创缝合，手法复位，石膏固定
   C. 清创缝合，牵引治疗
   D. 清创后，手法复位，加压钢板内固定，探查桡神经并修复加外固定
   E. 清创后，手法复位，髓内针内固定，观察2个月，桡神经功能不恢复，再次手术治疗

（3~6题共用题干）

男性，20岁。农忙时右肱骨中段被机器绞伤1小时。查体：上臂仅后侧有宽3cm的皮肤相连，该处皮肤有较重的挫伤，其余组织完全离断。

3. 该患者应诊断为
   A. 右上臂完全离断伤
   B. 右上臂不完全离断伤
   C. 右肱骨粉碎性骨折
   D. 右肱骨开放性骨折伴神经损伤
   E. 右肱骨开放性骨折伴血管损伤
4. 该患者的治疗方案应选择
   A. 断肢再植术
   B. 清创后，残端缝合
   C. 清创术，右肱骨内固定术
   D. 清创后，右肱骨内固定，修复损伤的血管和肌肉
   E. 清创后，右肱骨内固定，修复损伤的神经
5. 患者术后20小时，出现患手轻度肿胀，指甲略发绀，毛细血管反应存在，针刺指尖部有鲜红的血液溢出，皮温较健侧高0.5℃。其原因可能是
   A. 感染
   B. 动脉栓塞或痉挛
   C. 动、静脉同时栓塞或痉挛
   D. 创口部有活动性出血
   E. 静脉栓塞或痉挛
6. 此时处理方法为
   A. 理疗，抬高患肢
   B. 手术切开，取动静脉血栓
   C. 消毒换药加压包扎止血
   D. 选用有效的抗生素
   E. 解除压迫因素后，再血管解痉，观察1小时后若不见好转再手术治疗

（7~8题共用题干）

男，38岁。肩部外伤1小时入院。查体：左锁骨中外1/3处明显畸形，局部肿胀明显，瘀血，桡动脉搏动触不到，手部发凉，皮色苍白，血压75/40mmHg。

7. 该患者应首先做哪项处理
   A. 整复骨折，固定
   B. 立即补液、输血
   C. 立即服用镇痛药
   D. 立即拍X线片
   E. 血管造影
8. 该患者正确的治疗方法是
   A. 保守治疗
   B. 手法复位，石膏固定
   C. 手术切开复位，内固定探查臂丛神经
   D. 手法复位，“8”字绷带固定

E. 立即手术探查受损血管并修复血管，骨折复位内固定，再加适当的外固定

(9～11 题共用题干)

女性患者，24 岁。摔伤半小时入院。摔倒时右腕背伸，手掌撑地。入院查体：右腕肿胀、压痛、活动受限、畸形不明显，鼻烟窝处有压痛。X 线片未见有骨折征象。

9. 最可能的诊断是
   A. 三角骨骨折
   B. 右腕舟骨骨折
   C. 月骨脱位
   D. 右桡骨下端骨折
   E. 腕关节韧带损伤
10. 急诊采取哪项措施最适合
   A. 立即行 CT 检查
   B. 进一步行 MRI 检查
   C. 前臂石膏固定，2 周后再行 X 线片检查
   D. 立即切开复位内固定
   E. 护腕保护，并进行康复理疗等
11. 后期容易产生的并发症是
   A. 损伤性骨化
   B. 周围神经血管损伤
   C. 关节僵硬
   D. 创伤性关节炎
   E. 骨折延迟愈合甚至不愈合

(12～18 题共用题干)

患者，男性，33 岁，小车司机。开车时小车正面碰撞路边障碍物而车祸致伤，出现右髋部疼痛、活动受限 1 小时。查体：右下肢呈屈曲内收、内旋和短缩畸形，右臀部隆起可触及股骨头，右髋关节活动障碍，其余未见明显异常。

12. 根据病史，该患者最有可能诊断为
   A. 右髋关节脱位
   B. 右人工股骨头置换术
   C. 右转子间骨折
   D. 右股骨粗隆下骨折
   E. 右股骨干骨折
13. 为尽快明确诊断，最好选择哪种检查方法
   A. 双髋正侧位 X 线片
   B. MRI
   C. Allis 征试验
   D. Ortolani 征试验
   E. McMurray 试验
14. X 线提示“右髋关节脱位”，不属于髋关节脱位分型的是
   A. 前脱位
   B. 后脱位
   C. 中心脱位
   D. 混合脱位
   E. 闭孔脱位
15. 下列哪项不属于髋关节脱位的合并症
   A. 髋臼骨折
   B. 股骨头骨折
   C. 坐骨神经损伤
   D. 股神经损伤
   E. 股动静脉损伤
16. 处理方法最好为
   A. 手法复位
   B. 切开复位
   C. 牵引复位
   D. 保守治疗，不做特殊处置
   E. 上述处理方法都不正确
17. 该患者手法复位后皮肤牵引固定轻度外展位多长时间
   A. 1～2 周
   B. 2～3 周
   C. 3～4 周
   D. 4～5 周
   E. 5～6 周
18. 假如该患者受伤 3 周后来就诊，处理正确的是
   A. 复位后维持牵引 6 周
   B. 复位后维持牵引 7 周
   C. 复位后维持牵引 8 周
   D. 复位后维持牵引 9 周

E. 复位后维持牵引10周

四、案例分析题

每个案例至少有2个提问，每个提问有多个备选答案，其中正确答案有1个或几个。(每选择一个正确答案得1分，每选择错一个答案扣1分，直至本题扣至0分，共15~20分)

(1~6题共用题干)

患者，男性，22岁。不慎跌倒右手着地致伤。右上臂后疼痛、畸形、活动受限。查体：右上臂中段成角畸形，肱骨连续性中断，右桡动脉搏动细弱，右手拇指背伸不能，伸腕肌力Ⅲ级，其余(-)。

1. 根据病史，该患者可能的诊断是
   A. 右肱骨干开放性骨折
   B. 右肱骨外科颈骨折
   C. 右肩关节脱位
   D. 右肘关节脱位
   E. 右肱骨干中下段骨折合并桡神经、桡动脉损伤
2. 提示：X线示右肱骨中下段骨折。关于肱骨干骨折的叙述，正确的是
   A. 肱骨干骨折好发于中部，其次为下部，上部最少
   B. 肱骨外科颈骨折易合并腋神经损伤
   C. 肱骨中下1/3骨折易合并桡神经损伤
   D. 肱骨下1/3骨折易合并骨不连接
   E. 直接暴力多造成肱骨中1/3骨折
   F. 传导暴力多致螺旋骨折
   G. 旋转暴力多造成螺旋骨折
3. 该患者的正确诊断是
   A. 右肱骨中下1/3骨折合并桡神经、肱动脉损伤
   B. 右肱骨中下1/3骨折
   C. 右肱骨中下1/3骨折合并正中神经损伤，肱动脉损伤
   D. 右肱骨中下1/3骨折合并尺神经损伤、肱动脉损伤
   E. 右肱骨中下1/3骨折合并桡神经、正中神经损伤
   F. 右肱骨中下1/3骨折合并尺神经损伤
4. 该患者的治疗方案为
   A. 手法复位+石膏外固定
   B. 切开复位+小夹板外固定
   C. 切开复位+钢板内固定
   D. 闭合交锁肱骨髓内钉内固定
   E. 切开复位+桡神经、肱动脉探查+钢板内固定
   F. 切开复位+修复桡神经
5. 关于肱骨干骨折开放复位内固定的适应证，正确的是
   A. 闭合性骨折中，骨折端嵌入软组织
   B. 手法复位失败
   C. 肱骨干横型无移位骨折
   D. 闭合性骨折不伴有软组织损伤
   E. 同一肢有多处骨和关节损伤者
   F. 合并桡神经损伤者
6. 肱骨骨折可能的合并症有
   A. 桡神经损伤
   B. 肱动脉损伤
   C. 骨折不连接
   D. 骨折畸形愈合
   E. 肩关节功能障碍
   F. 正中神经损伤

骨外科副主任/主任医师
职称考试冲刺押题试卷

模拟试卷十

辽宁科学技术出版社
LIAONING SCIENCE AND TECHNOLOGY PUBLISHING HOUSE

一、单选题

以下每道考题有 5 个备选答案，请选择 1 个最佳答案。(每题 1 分，共 35 分)

1. 髂前上棘撕脱骨折；X 线显示：骨折线明显，断端移位不明显。治疗应优先考虑
   A. 切开复位内固定
   B. 骨盆悬吊牵引
   C. 大腿伸直、外旋位卧床休息 3 ~4 周
   D. 髋、膝屈曲位卧床休息 3 ~4 周
   E. 单纯卧床休息

2. 髌骨软骨软化症手术治疗目的，下列哪项是错误的
   A. 切除发育异常的髌骨，去除病灶
   B. 改变髌骨关节的力线
   C. 刮除髌骨在关节骨上的较小的侵蚀病灶
   D. 增加髌骨在关节活动过程中的稳定性
   E. 髌骨关节软骨已完全破坏者，可切除髌骨

3. 男性，30 岁。车祸伤，现场发现左下肢近腹股沟部伤口有大量鲜血涌出，立即采取止血措施后，最先应检查的是
   A. 触诊足背和胫后动脉
   B. 检查肢体感觉
   C. 检查膝腱或跟腱反射
   D. 足部主动活动有无缺失
   E. 立即做 X 线检查

4. 男孩，5 岁。患腰椎结核 1 个月，下列试验可能表现阳性的是
   A. McMurray 试验
   B. Thomas 征
   C. Gaenslen 征
   D. 拾物试验
   E. Dugas 征

5. 肘关节脱位的特有体征是
   A. 患肘肿痛
   B. 以健侧手托患侧前臂
   C. 肘后三角关系正常
   D. 肘后三角关系异常
   E. 肘关节活动受限

6. 髋关节后脱位的临床表现为
   A. 髋关节呈屈曲，内展、外旋畸形
   B. 患肢缩短，髋关节呈屈曲，内展、内旋畸形
   C. 髋关节呈屈曲，内展、内旋畸形
   D. 髋关节呈屈曲，外展、内旋畸形
   E. 患肢情况由股骨头脱位后的位置决定

7. 男性，25 岁，右股骨干骨折已 1 年半，目前仍有短缩畸形和反常活动，X 线片显示两骨折端已被硬化骨封闭，目前应采取的治疗是
   A. 手法复位，石膏外固定
   B. 手法复位，牵引固定
   C. 加强康复治疗
   D. 观察 2 ~3 周
   E. 手术切除硬化骨，植骨加钢板固定

8. 髋关节脱位复位后的常见后遗症为
   A. 股神经损伤
   B. 周围韧带损伤
   C. 股骨头坏死
   D. 股神经损伤
   E. 股动脉栓塞

9. 类风湿关节炎最合适的治疗是
   A. 激素冲击
   B. 免疫调节药
   C. 免疫调节药 + 非甾体类抗炎药物

D. 中医中药
E. 免疫抑制剂如环孢菌素

10. 骨关节炎主要发生在
A. 腕关节、踝关节、近端指间关节
B. 膝关节、肩关节、远端指间关节
C. 膝关节、髋关节、远端指间关节
D. 腕关节、肘关节、近端指间关节
E. 肘关节、髋关节、近端指间关节

11. 手的肌腱断裂后，出现的体征是
A. 手的功能位发生改变
B. 局部的剧烈疼痛
C. 手的成角畸形
D. 手的休息位发生改变
E. 侧方摆动

12. Allen 试验是用于检查手的
A. 痛觉情况
B. 供血情况
C. 运动情况
D. 触觉情况
E. 皮温情况

13. 带蒂皮瓣移植术，适用于下列哪种类型的手外伤
A. 手部深度烧伤
B. 手部皮肤浅度烧伤
C. 手部有肌腱骨外露及皮肤缺损者
D. 手部骨折
E. 手部皮肤单纯缺损伤

14. 断肢再植术后血管吻合通畅，患肢的皮温与健侧比应该
A. 高 1 ~2℃
B. 高 4 ~5℃
C. 高 3 ~4℃
D. 低 1 ~2℃
E. 一致

15. 下列哪项不属于小夹板固定治疗骨折的优点
A. 有效地防止骨折端再发生移位
B. 便于及时进行锻炼，防止关节僵硬
C. 不妨碍肌肉纵向收缩，有利于骨折愈合
D. 取材方便，操作简单，并发症少
E. 需要经常调整

16. 判断骨盆骨折合并尿道断裂最简单有效的方法是
A. 肾脏彩超检查
B. 肾脏 CT 检查
C. 静脉肾盂造影
D. 放置导尿管检查
E. 膀胱镜检查

17. 下列肢体测量方法中，哪项是错误的
A. 必须先将两侧肢体放置于对称的位置上来测量长度
B. 必须在肢体的中部来测量周径
C. 上肢的长度为肩峰到桡骨茎突尖（或中指指尖）
D. 下肢的长度为髂前上棘至内踝尖
E. 下肢的轴线为膝伸直位时髂前上棘和第 1 趾蹼间的连线，通过髌骨中心

18. 男性，30 岁，车祸 2 小时后来院，一般情况尚好，右小腿中上段皮裂伤 14cm，软组织挫伤较重，胫骨折端有外露，出血不多。在进行 X 线片检查前，应该进行的处理
A. 行简单的外固定及局部包扎
B. 行气压止血带止血
C. 急送手术室
D. 石膏固定
E. 跟骨结节牵引

19. 有关颅骨牵引是颈椎骨折及脱位常用的治疗措施，下列说法正确的是

A. 屈曲性骨折脱位仅需维持于屈曲位牵引
B. 屈曲性骨折脱位需立即复位，维持于过伸位牵引
C. 屈曲性骨折脱位需立即复位，先维持于过伸位牵引，再逐渐过渡到中立位
D. 过伸性骨折脱位需维持于略屈曲位牵引
E. 屈曲性骨折脱位需维持于略过伸位牵引

20. 关于胸、腰椎骨折或脱位的治疗，哪项是错误的
A. 椎体压缩不到 1/3 者，可仰卧硬板床，使脊柱过伸，1～2 日后即逐渐进行背肌锻炼
B. 椎体后部有压痛，椎板、关节突有骨折，不宜用双踝悬吊法复位，以免引起脊髓损伤
C. 青少年及中年患者，可用两桌法过伸复位
D. 患者心、肺、肝、肾功能不良时，不宜应用过伸复位法
E. 骨折脱位有关节交锁并截瘫者，可在局麻下切开复位并内固定

21. 口服阿司匹林常可迅速缓解患者疼痛的良性肿瘤是
A. 骨肉瘤
B. 骨巨细胞瘤
C. 骨样骨瘤
D. 成骨肉瘤
E. 软骨肉瘤

22. 能明确脊椎压缩性骨折的是
A. X 线检查
B. 压痛
C. 瘀斑
D. 功能障碍
E. 反常活动

23. 女性，20 岁。因外伤致第 4－5 颈椎骨折并发颈髓损伤，四肢呈弛缓性瘫痪．高热 40℃，持续数日不降。应采取何种降温方法
A. 口服复方阿司匹林
B. 冬眠疗法
C. 使用抗生素
D. 物理降温
E. 以上都不是

24. 关于肱骨外上髁炎，下列哪项不对
A. 肘关节外侧局限性压痛
B. Mills 试验（＋）
C. Hoffmann 征（＋）
D. 持物无力
E. X 线片正常

25. 关于慢性运动系统损伤的治疗，临床上最常用的行之有效的方法是
A. 限制致伤支作，纠止不良姿势
B. 局部注射肾上腺皮质类固醇
C. 理疗、按摩
D. 服用消炎镇痛药
E. 手术治疗

26. 骨软骨瘤的治疗原则不正确的是
A. 无症状者一般不需治疗
B. 无明显压迫症状者可暂时保守治疗
C. 肿瘤过大，生长较快，影响功能应手术切除
D. 手术切除纤维帽、软骨帽、病骨及邻近部分的正常骨组织
E. 凡是肿瘤均应尽早切除

27. 最常见的骨瘤样病变是
A. 寒性脓肿
B. 骨囊肿
C. 骨纤维异常增殖
D. 骨巨细胞瘤
E. 动脉瘤样骨囊肿

28. 弹响指各手指发病频度最多的是
A. 拇、示指
B. 示、中指
C. 中、小指
D. 环、小指
E. 拇、小指

29. 关于肱骨外上髁炎，治疗和预防复发的基本原则是
A. 手腕、肘关节石膏托外固定
B. 及时治疗
C. 反复多次注射醋酸泼尼松龙
D. 限制握拳及伸腕动作
E. 限制屈腕动作

30. 关于肩关节脱位，说法错误的是
A. 有方肩畸形
B. Dugas 征阳性
C. 可用 Hippocrates 法复位
D. 后脱位最为常见
E. 单纯性脱位可采用三角巾悬吊法治疗

31. 骨折切开复位内固定的指征中下列哪项是错误的
A. 骨折断端间有肌肉等软组织嵌入，手法复位失败者
B. 手法复位未能达到解剖复位的标准
C. 保守治疗未达到功能复位的标准
D. 关节内骨折手法复位后对位不好者
E. 多处骨折或并发主要的血管损伤

32. 关于手的功能位的描述不正确的是
A. 手可以随时发挥最大功能的位置
B. 腕关节背伸 15°~20°
C. 轻度尺偏
D. 拇指处于对掌位
E. 腕关节背伸 0°~5°

33. 开放性创伤伤口的瘢痕收缩与下列哪项因素有关
A. 伤口周围皮肤的伸展
B. 成肌纤维细胞
C. 皮肤种植
D. 神经损伤
E. 炎性细胞沉着

34. 骨折刚达到临床愈合时，正处于骨折愈合过程的哪一项阶段
A. 血肿机化演进期
B. 骨折后 2 周以内
C. 原始骨痂形成期
D. 骨痂改造塑形期
E. 永久骨痂形成期

35. 在骨折复位中，以下哪项正确
A. 允许成人下肢骨折存在与关节活动方向垂直的侧方成角
B. 复位后骨折断端的对位对线必须完全良好
C. 骨折部分的旋转移位、分离移位不必完全矫正
D. 若无骨骺损伤，可允许儿童下肢骨折短缩 2cm 以内
E. 肱骨干骨折必须达到解剖复位

二、多选题

以下每道考题有 5 个备选答案，每题至少有 2 个正确答案。(每题 2 分，多选、少选均不得分，共 30 分)

1. 先天性马蹄内翻足的畸形包括
A. 足下垂
B. 前足内收
C. 仰趾足
D. 前足内翻
E. 后足内翻

2. 关于急性血源性骨髓炎的治疗措施正确的是
A. 全身支持疗法
B. 早期联合应用大剂量抗生素

C. 早期用持续皮牵引或石膏托固定于功能位
D. 卧床休息，增加营养
E. 抗生素应用至体温正常、症状消退后2周左右

3. 参与椎弓连接的结构是
A. 黄韧带
B. 前纵韧带
C. 棘间韧带
D. 横突间韧带
E. 关节突关节

4. 下列哪些是椎动脉型颈椎病的临床表现
A. 眩晕
B. 上肢瘫痪
C. 头痛
D. 精神症状
E. 视觉障碍和猝倒

5. 关于疲劳性骨折的描述，正确的是
A. 常好发于第二跖骨
B. 骨折容易愈合
C. 由长期反复的轻微伤力引起
D. 骨折常有移位
E. 早期X线常为阴性

6. 不属于髋关节后脱位特有体征的是
A. 患髋疼痛
B. 髋关节不能活动
C. 可在臀部摸到脱出的股骨头
D. 患髋呈屈曲、内收、内旋畸形
E. 患肢缩短

7. 手外伤清创时应注意
A. 争取在24小时内进行
B. 骨折与脱位均应当时给予复位固定
C. 尽量充分保留皮肤
D. 最好不用止血带
E. 清创时尽可能修复深部组织

8. 关于椎管的描述不正确的是
A. 椎管是一纤维管道
B. 由椎骨的椎孔和骶骨的骶管组成
C. 前壁由椎体后缘、椎间盘后缘和黄韧带组成
D. 后壁为椎弓板、后纵韧带和关节突关节
E. 侧壁有椎弓根

9. 关于高位腰椎间盘突出症描述正确的是
A. 大腿前方放射痛明显
B. 足背内侧感觉异常
C. 股神经牵拉试验阳性
D. 常出现马尾神经症状
E. 常发生腰背痛

10. 有关腕管综合征的描述，正确的是
A. 腕管为纤维骨性管道
B. 腕管综合征患者夜间手部麻痛
C. 桡侧3个半手指掌侧感觉麻木
D. 腕管内有7条屈肌腱和正中神经通过
E. 属于周围神经卡压

11. 周围神经损伤后，为观察其修复情况，可进行的检查为
A. 肌电图检查
B. 神经干叩击试验
C. 神经传导速度检查
D. 神经支配皮肤触觉检查
E. 颅脑MRI

12. 临床检查半月板损伤常用的试验有
A. 旋转试验
B. 研磨试验
C. 抽屉试验
D. 蹲走试验
E. 直腿抬高试验

13. 关于掌中间隙的描述，正确的是
A. 位于中间鞘的尺侧半

B. 起自掌腱膜桡侧缘
C. 包绕手指屈肌腱和第1蚓状肌
D. 其深面附着于第3掌骨
E. 桡侧界为掌腱膜边界与第三掌骨间的外侧纤维隔

14. 掌深弓的描述中正确的是
A. 由桡动脉末端和尺动脉掌深支组成
B. 位于指屈肌腱深面
C. 与掌浅弓间有吻合
D. 体表投影平腕掌关节高度
E. 发出返支和穿支，分别与腕掌网、腕背网相交通，它们是手部的吻合动脉

15. 骨关节结核病灶清除术适应证包括
A. 病灶内有大块死骨或脓肿
B. 脊柱结核伴有截瘫
C. 瘘道长期不愈
D. 单纯滑膜结核或单纯骨结核非手术治疗无效者
E. 身体其他部位有活动性结核病灶

三、共用题干题

以下每道考题有2~6个提问，每个提问有5个备选答案，请选择1个最佳答案。（每题1分，共15~20分）

（1~3题共用题干）

9岁患儿，从秋千上摔下后右肘关节肿胀畸形，活动受限3小时。入院检查见肘关节上方反常活动并骨擦感，肘后三角关节正常。

1. 首先考虑的诊断为
A. 肱骨外科颈骨折
B. 肱骨髁上骨折
C. 肘关节分裂脱位
D. 肘关节前脱位
E. 肘关节后脱位

2. 该损伤分类中不包括
A. 伸展型
B. 屈曲型
C. 伸展尺偏型
D. 伸展桡偏型
E. 旋转尺偏型

3. 该患儿经治疗后出现了肘内翻畸形，形成的原因是
A. 未达到解剖复位
B. 骨质增生
C. 未修复关节囊
D. 骨折畸形愈合
E. 肌肉挛缩

（4~6题共用题干）

男，搬运工人，腰腿痛，并向左下肢放射，咳嗽、喷嚏时加重。检查腰部活动明显受限，并向左倾斜，直腿抬高试验阳性。病程中无低热、盗汗、食欲减退、消瘦症状。

4. 首先考虑的诊断是
A. 腰肌劳损
B. 腰椎管狭窄症
C. 腰椎间盘突出症
D. 强直性脊柱炎
E. 骨关节炎

5. 为明确诊断，最有意义的检查是
A. 骨核素扫描
B. CT
C. 超声
D. 神经传导速度与诱发电位
E. 肌电图

6. 如病史4年，并逐年加重，已严重影响生活及工作，且出现大、小便障碍。其治疗方法是
A. 理疗
B. 按摩
C. 牵引
D. 保守治疗
E. 手术

（7~9题共用题干）

男，12岁。发热伴右大腿疼痛17天。查体：精神萎靡，患肢呈半屈曲位，皮温高，右大腿远端有压痛。血常规 WBC 13×10^9/L，中

性粒细胞占89%。股骨正侧位X线片可见干骺端骨质疏松及层状骨膜反应。

7. 可能性最大的诊断是
   A. 恶性骨肿瘤
   B. 急性血源性骨髓炎
   C. 蜂窝组织炎
   D. 化脓性髋关节炎
   E. 髋关节结核
8. 为明确诊断，最有意义的检查是
   A. 血细菌培养
   B. 化验红细胞沉降率
   C. 化验凝血象
   D. 局部分层穿刺
   E. 化验血碱性磷酸酶
9. 该患者经抗生素治疗，体温正常、疼痛缓解已2个月余。右大腿内侧有一窦道、偶可排出脓液。X线见右股骨干增粗，骨质硬化，可见死骨影及圆形透亮区，周围包壳已充分形成。下一步的治疗方案是
   A. 继续全身应用抗生素治疗
   B. 病灶清除术
   C. 加强局部换药，充分引流
   D. 继续石膏制动，开窗换药
   E. 保守治疗

（10～12题共用题干）

37岁男性，跳高时后仰跌倒，右手掌撑地伤后2小时。右肩痛，不敢活动。检查：右肩方肩畸形，Dugas征（+）。

10. 最常见的合并损伤是
    A. 肘内翻畸形
    B. 肱骨大结节撕脱骨折
    C. 缺血性肌挛缩
    D. 腋部动静脉损伤
    E. 肱骨干骨折
11. 临床诊断首先考虑为
    A. 右肩周软组织损伤
    B. 右肩关节前脱位
    C. 肱骨髁上骨折
    D. 肱骨解剖颈骨折
    E. 肩锁关节脱位
12. 需要对右肩关节做的辅助检查是
    A. 关节穿刺
    B. 正侧位X线平片
    C. 正位及穿胸侧位X线平片
    D. CT
    E. 肩关节镜

（13～14题共用题干）

女性，52岁。近1年来双腕、掌指和指间关节对称性肿痛。化验：红细胞沉降率33mm/h，RF阴性（滴度1:32）。

13. 对诊断最有帮助的进一步问诊为
    A. 胸膜炎
    B. 贫血
    C. 关节活动情况
    D. 晨僵及持续时间
    E. 关节是否存在畸形
14. 对确诊最有意义的实验室检查为
    A. 补体
    B. HLA－B27
    C. CRP
    D. 手X线片
    E. 抗链球菌溶血素“O”

（15～16题共用题干）

患者男，53岁。车祸致伤3小时。查体：右小腿有一长约14cm斜行伤口，有沙土污染，胫骨断端外露，出血不多，周围软组织广泛挫伤。

15. 在摄X线片以前，首先要进行的处理是
    A. 行简单的外固定及局部包扎
    B. 止血带止血
    C. 清创术
    D. 跟骨结节牵引
    E. 静脉输液，应用抗生素
16. 彻底清创后，下列处理措施中，违反治疗原则的是
    A. 外固定支架固定
    B. 用硅胶管置于创口内最深处，外接负

压引流瓶，于 24 ~48 小时后拔除
C. 应用抗生素预防感染
D. 一期缝合伤口，将开放伤变为闭合伤
E. 注射破伤风抗毒素

四、案例分析题

每个案例至少有 2 个提问，每个提问有多个备选答案，其中正确答案有 1 个或几个。(每选择一个正确答案得 1 分，每选择错一个答案扣 1 分，直至本题扣至 0 分，共 15 ~ 20 分)

(1 ~6 题共用题干)

患者男，62 岁。双膝关节疼痛、畸形，伸直受限 8 年，加重 2 个月。查体：双膝关节呈内翻畸形，双膝关节屈曲 90°受限，伸直受限，RF（－）。

1. 诊断正确的是
   A. 双膝关节骨关节炎
   B. 双膝关节半月板损伤
   C. 膝关节侧副韧带损伤
   D. 双膝关节髌骨软化症
   E. 双膝关节滑膜炎
   F. 双膝关节结核
2. 支持诊断的依据包括
   A. 静止痛
   B. 运动痛
   C. 寒冷痛
   D. 饥饿痛
   E. 阴雨天痛
   F. 夜间痛
3. 根据病史和检查，该患者最佳的治疗方案是
   A. 全膝关节置换术
   B. 双胫骨截骨矫形术
   C. 双膝关节关节镜冲洗打磨术
   D. 双膝关节滑膜切除术
   E. 双膝关节游离体摘除术
   F. 关节腔内注射抗生素
4. 全膝关节置换术的并发症有
   A. 感染
   B. 尿失禁
   C. 假体松动
   D. 胫骨或股骨骨折
   E. 腓总神经损伤
   F. 肺动脉栓塞
5. 患者行全膝关节置换术后 2 周出现左膝关节红肿，疼痛难忍，有脓肿，抽出约 3ml 脓性渗液，ESR ↑，C－反应蛋白 ↑，WBC 正常，脓培养为革兰阳性菌。该患者最有可能并发
   A. 左膝关节假体感染
   B. 左髌前滑囊感染
   C. 急性化脓性骨髓炎
   D. 左髌前脂肪液化坏死感染
   E. 血肿形成
   F. 假体松动、移位
6. 该患者进一步的治疗措施是
   A. 抗感染
   B. 清创 + 扩创
   C. 取出假体冲洗
   D. X 线片检查
   E. 清创 + 局部冲洗
   F. 更换假体

(7 ~10 题共用题干)

患者女，34 岁。左膝关节内侧疼痛，肿胀半年。曾在外院行 X 线检查，见胫骨上端内侧有一 4cm × 3cm 大小透光区，中间有肥皂泡样阴影，骨端膨大。

7. 该患者最可能的诊断是
   A. 骨巨细胞瘤
   B. 骨囊肿
   C. 骨髓炎
   D. 骨结核
   E. 尤因肉瘤
   F. 骨软骨瘤
8. 确立诊断的最有力的依据是
   A. 血清碱性磷酸酶增高
   B. 核素骨扫描
   C. CT 检查

D. 肿瘤系列
E. 局部穿刺活组织病理检查
F. MRI 检查
G. X 线检查

9. 该患者 X 线片还可能出现的改变是
A. 日光放射现象
B. 葱皮样骨膜反应
C. 关节间隙狭窄
D. 偏心性、溶骨性、囊性破坏
E. 膨胀性磨砂
F. 病理性骨折

10. 关于骨巨细胞瘤的处理原则，错误的是
A. 以手术治疗为主
B. 复发宜做肿瘤段切除，行假体植入术
C. $G_{1\sim2}T_{1\sim2}M_0$属恶性无转移的采用化疗治疗
D. 以化疗治疗为主
E. 一般采用术前大剂量化疗
F. 对不能切除的巨大肿瘤病灶采用放疗

骨外科副主任/主任医师
职称考试冲刺押题试卷

模拟试卷十一

辽宁科学技术出版社
LIAONING SCIENCE AND TECHNOLOGY PUBLISHING HOUSE

一、单选题

以下每道考题有5个备选答案，请选择1个最佳答案。(每题1分，共35分)

1. 女性，29岁。重物砸伤腰部致脊髓损伤。最能准确地确定脊髓损伤平面的物理检查是
   A. 检查腱反射
   B. 检查肢体的运动感觉
   C. 检查肢体的温度
   D. 检查球海绵体反射
   E. 压痛的部位

2. 急性化脓性骨髓炎行局部引流的原则，正确的是
   A. 应尽量避免切开，以免感染扩散
   B. 应待X线片显示骨质破坏时进行
   C. 临床诊断已经明确，抗生素治疗数日无效即行引流手术
   D. 在软组织内可触及脓肿时方施行
   E. 全身中毒症状未改善前不得实施

3. 化脓性关节炎后期关节已有破坏与增生，强直已不可避免时，最恰当的治疗方法是
   A. 避免负重
   B. 积极锻炼
   C. 固定于功能位
   D. 行关节融合术
   E. 药物治疗

4. 肱骨中下1/3骨折易损伤
   A. 正中神经
   B. 尺神经
   C. 桡神经
   D. 胸长神经
   E. 肌皮神经

5. 下列哪条神经损伤后会引起爪形手
   A. 正中神经
   B. 尺神经
   C. 桡神经
   D. 胸背神经
   E. 肌皮神经

6. 骨筋膜室综合征常见的原因中哪项是不正确的
   A. 软组织严重挫伤及挤压伤
   B. 四肢骨折时小夹板包扎过紧
   C. 肢体严重的局部压迫
   D. 小腿的激烈运动
   E. 开放性骨折所致的大量出血

7. 胫骨平台和腓骨头骨折后，患者足背前内侧感觉障碍，踝关节背屈受限，损伤的是
   A. 坐骨神经
   B. 腓总神经
   C. 胫神经
   D. 股后皮神经
   E. 隐神经

8. 关于骨折的临床表现，下列哪项描述是错误的
   A. 骨折的专有体征包括畸形、反常活动及骨擦音或擦感
   B. 只要发现骨折专有体征的其中一项，即可作出骨折的明确诊断
   C. 骨折时可以没有骨擦音或骨擦感
   D. 检查可疑骨折病人时，应尽量诱发骨擦音或骨擦感的出现，以明确诊断
   E. 临床未见有骨折专有体征时，也可能有骨折

9. 急性血源性骨髓炎导致大块死骨的主要原因是
   A. 发生病理性骨折

B. 周围组织坏死
C. 细菌毒力强
D. 骨膜血管断裂
E. 骨的滋养血管栓塞

10. 慢性骨髓炎死骨摘除的手术适应证是
A. 有死骨及死腔，包壳未形成
B. 有死骨及死腔，但死骨分界不清
C. 有死骨及死腔，包壳形成较充分
D. 有死骨及死腔，伴局部软组织坏死
E. 有大块死骨，且慢性骨髓炎急性发作时

11. 锁骨骨折时下列哪项是错误的
A. 成人多为短斜骨折
B. 多由间接暴力引起
C. 远端向上移位
D. 损伤臂丛神经机会较少
E. 可有重叠移位

12. 关于骨巨细胞瘤的描述，错误的是
A. 多见于成年人
B. 发病率女性显著低于男性
C. 表现为长骨骨端偏心性骨质破坏区
D. 破坏区内见皂泡样改变
E. 周围可出现软组织肿块

13. 良性骨巨细胞瘤的 X 线所见，下列哪项错误
A. 好发于长骨的骨端，以股骨下端及胫骨上端多见
B. 多为偏心性骨质破坏，可伴有病理性骨折
C. 典型者呈皂泡样改变
D. 周围有薄层骨壳形成
E. 邻近有垂直型骨膜增生

14. 下列哪项不是恶性骨肿瘤所特有的 X 线表现
A. 肿瘤骨
B. “葱皮”现象
C. “日光射线”形态
D. Codman 三角
E. 硬化反应骨

15. 股骨颈骨折有以下表现哪一项是不正确的
A. 患髂有压痛
B. Bryant 三角底边增加
C. 患肢缩短
D. 大转子明显突出
E. 外旋畸形

16. 有关骨肉瘤的特点，错误的是
A. 均为溶骨性骨破坏
B. 发生于长骨干骺端
C. 肿瘤细胞异型性明显
D. 可发生病理性骨折
E. 易发生血行转移

17. 在股骨干骨折髓内钉内固定手术指征中，下列哪项是错误的
A. 伴有多发性损伤者
B. 伴有股动脉损作恩赐 需要修补者
C. 老年病人不宜卧床过久者
D. 保守治疗失败者
E. 新生儿股骨干骨折伴明显移位者

18. 骨囊肿好发于
A. 扁骨
B. 短骨骨端
C. 长骨干部
D. 长骨骨端
E. 长骨干骺端

19. 关于转移性骨肿瘤的治疗，错误的是
A. 治疗的目的是延长寿命、解除症状、改善生活质量
B. 可采用化疗、放疗、内分泌治疗
C. 需针对原发癌和转移瘤进行治疗

D. 无法手术治疗
E. 为缓解剧痛，可做姑息性截肢

20. 在脊柱骨折脱位中，哪项属于稳定型骨折
A. 椎体粉碎压碎压缩骨折
B. 第1颈椎脱位或半脱位
C. 腰1椎体骨折脱位
D. 腰2的附件骨折
E. 椎体压缩1/3以上的单纯压缩骨折

21. 脊柱外伤时，关节突交锁是指
A. 关节突完全骨折
B. 关节突不完全脱位
C. 上关节突位于下一椎骨下关节突的前方
D. 上关节突位于下一椎骨下关节突的前方
E. 关节突骨折并伴脱位

22. 强直性脊柱炎实验室检查结果不包括
A. 红细胞沉降率增快
B. HLA－B27阳性
C. 血清补体C3、C4增加
D. 类风湿因子阳性
E. 血红蛋白降低

23. 坐骨结节撕脱骨折一般采用的治疗方法是
A. 手术切开得位
B. 手法复位内固定
C. 髋人字石膏外固定
D. 患侧大腿伸直外旋位卧床休息
E. 患侧髋、膝屈曲位卧床休息3～4周

24. 诊断膝关节骨关节炎关节积液的体征是
A. 浮髌试验
B. 内外侧应力试验
C. 回旋挤压试验
D. 前抽屉试验
E. 膝关节过伸试验

25. 内生性软骨瘤的治疗方案应选择
A. 刮除植入松质骨
B. 肿瘤段切除
C. 无需治疗
D. 截肢术
E. 放疗、化疗、手术相结合

26. 手部骨折和脱位的处理原则中哪项是错误的
A. 早期达到解剖复位或近似解剖复位
B. 早期予以牢固功能位固定
C. 手部的开放性骨折不必早期复位
D. 早期消灭创面，尽量减少感染及肉芽创面发生
E. 尽量减少术后手部固定的范围

27. 内生软骨瘤的X线表现为
A. 偏心性，位于骨端，溶骨性破坏
B. 葱皮样骨膜反应
C. 日光放射状骨膜反应
D. 膨胀性低密度区内夹杂钙化斑块
E. 密度增高的肿瘤骨

28. 单纯使用根治性切除手术治疗骨肉瘤，5年存活率不高，其主要原因是
A. 早期髓腔内广泛蔓延
B. 早期淋巴管内瘤栓形成
C. 早期血液中发现瘤细胞
D. 早期广泛侵犯软组织
E. 多见于年轻女性

29. 在肢体断离的病理变化中，下列哪项是错误的
A. 肢体血循环虽中断，但组织并未立即死亡
B. 细胞在常温下缺血6～7小时，可发生不可逆的病理变化，逐渐死亡
C. 若断肢8小时以后才作断肢再植手

术，可出现全身中毒现象

D. 病人会因有毒性物质从静脉回流，出现血红蛋白尿

E. 断肢离断水平越接近躯干，再植后全身反应越小

30. 关于类风湿因子哪项是正确的

A. 是类风湿关节炎诊断的必备条件

B. 是抗人 IgG Fc 段的自身抗体

C. 只有类风湿关节炎患者才出现类风湿因子

D. 属于抗核抗体谱

E. 是 IgE 型免疫复合物

31. 不属于类风湿关节炎常见畸形变的是

A. 纽扣花样畸形

B. 爪形手

C. 手关节尺侧偏斜

D. 天鹅颈样畸形

E. 槌状指

32. 关于类风湿结节的描述错误的是

A. 类风湿结节为 RA 关节外典型的增殖性病变

B. 最常见于前臂受压的伸面

C. 伴有类风湿结节的 RA 患者常为 RF 阳性

D. 类风湿结节组织形态不具有肉芽组织的特征

E. 类风湿结节出现提示病情活动

33. 类风湿关节炎的常见三种肺部病变是

A. 肺间质病变、肺类风湿结节、胸膜炎

B. 肺实质病变、肺类风湿结节、胸膜炎

C. 肺炎、肺脓肿、支气管扩张

D. 支气管扩张、肺类风湿结节、肺实质病变

E. 肺类风湿结节、胸膜炎、肺炎

34. 类风湿关节炎诊断依据不包括下列哪项

A. 对称性腕关节、掌指关节、近端指间关节疼痛肿胀 >6 周

B. X 线有软组织肿胀、关节面模糊、间隙狭窄改变

C. 类风湿因子阳性

D. 类风湿结节

E. 抗双链 DNA 抗体阳性

35. 关于尿酸代谢错误的说法是

A. 尿酸排泄障碍是引起高尿酸血症的重要因素

B. 尿酸排出过多可认为尿酸生成增多

C. 肾病可引起尿酸排泄减少

D. 慢性溶血性贫血可使尿酸生成增多

E. 某些药物可抑制尿酸排泄

二、多选题

以下每道考题有 5 个备选答案，每题至少有 2 个正确答案。(每题 2 分，多选、少选均不得分，共 30 分)

1. 关于骨关节炎的临床表现，正确的是

A. 初期轻微钝痛，并不严重，以后逐步加剧

B. X 线片早期关节间隙无明显狭窄

C. 膝关节浮髌试验阳性

D. Thomas 征阴性

E. 关节交锁征阳性

2. 13 岁小儿麻痹遗有马蹄内翻畸形，联合手术可采用

A. 跟腱延长术

B. 胫前肌外移术

C. 跖筋膜切断术

D. 三关节固定术

E. 伸肌止点后移术

3. 全髋关节置换术的禁忌证为

A. 肢体肌肉萎缩无力

B. 骨质疏松症

C. 局部感染

D. 神经性关节病
E. 以上均是

4. 关于脓性指头炎治疗，正确的是
A. 早期可用热盐水浸泡
B. 不可用外敷药物
C. 出现跳痛即切开减压
D. 切开引流做侧面切口
E. 若无发热等全身中毒表现，不行切开引流

5. 影响骨折愈合的局部因素有
A. 骨折的类型和数量
B. 骨折部位的血液供应
C. 软组织损伤程度
D. 软组织嵌入
E. 感染

6. 正中神经损伤会出现
A. 垂腕畸形
B. 手掌桡侧痛温感觉障碍
C. “猿手” 畸形
D. 爪形手
E. 拇指与示指不能主动屈曲

7. 骨盆骨折可能出现的并发症有
A. 直肠损伤
B. 尿道损伤
C. 失血性休克
D. 神经损伤
E. 腹膜后血肿

8. 与类风湿关节炎的发病有关的是
A. 变形杆菌
B. 大肠埃希菌
C. HLA－DR_4
D. HLA－B27
E. 雌/雄激素失调

9. 关于强直性脊柱炎正确的是
A. 常出现脊柱侧弯畸形
B. HLA－B27 阳性率高
C. 早期常累及双侧骶髂关节
D. 可累及髋关节，导致关节僵直
E. 多见于年轻女性

10. 急性化脓性关节炎和急性血源性骨髓炎的鉴别要点为
A. 疼痛在关节处
B. 有明显全身中毒症状
C. 早期关节活动障碍，各方向活动均引起疼痛
D. 白细胞明显增加
E. 以上均是

11. 先天性肌性斜颈的病因学说有
A. 遗传学说
B. 宫内学说
C. 血运障碍学说
D. 产伤学说
E. 进化学说

12. 下列哪些不属于鹅足腱的联合腱
A. 半腱肌
B. 半膜肌
C. 股薄肌
D. 长收肌
E. 缝匠肌

13. 下列哪些为治疗类风湿关节炎的一线药物
A. 阿司匹林
B. 异烟肼
C. 布洛芬
D. 泼尼松
E. 硫唑嘌呤

14. 哪些措施可以降低下肢深静脉血栓的发病率
A. 术后在小腿下垫枕

B. 早期下床活动
C. 抗凝药物使用
D. 足底静脉泵
E. 持续应用弹力袜

15. 下列哪些是断肢再植的禁忌证
A. 患者精神不正常者
B. 离断时间过长者
C. 断肢（指）毁损严重者
D. 断肢经刺激性液体或其他消毒液长时间浸泡者
E. 肌腱完全断裂

三、共用题干题

以下每道考题有2~6个提问，每个提问有5个备选答案，请选择1个最佳答案。(每题1分，共15~20分)

(1~4题共用题干)

患者女，36岁。右膝关节疼痛伴低热1年，行走困难。查体：右大腿肌肉萎缩，右膝关节肿胀，呈屈曲畸形。X线片示右膝关节骨质增生，关节间隙变窄，红细胞沉降率34mm/h。

1. 该患者最可能的诊断是
A. 类风湿关节炎
B. 膝关节结核
C. 风湿性关节炎
D. 痛风性关节炎
E. 反应性关节炎

2. 为进一步明确诊断，下列检查最有价值的是
A. CT
B. MRI
C. X线
D. 滑膜活检
E. 关节穿刺涂片检查

3. 早期骨关节结核与类风湿关节炎可靠的鉴别诊断依据是
A. 单一关节肿胀
B. 膝关节CT检查
C. X线平片关节间隙有无狭窄
D. 关节穿刺行关节液检查
E. 活组织检查

4. 如已确诊为膝关节结核，下一步治疗宜采用
A. 抗结核药物
B. 关节置换
C. 关节穿刺抽液+注入抗结核药物
D. 病灶清除术
E. 抗结核治疗+制动

(5~8题共用题干)

男性，41岁，文员。3个月前出现颈部不适、酸胀感，近3周发展为颈肩痛，随之疼痛向上肢放射至手部。颈部转动至某个角度时可出现放电样剧痛。

5. 最可能的诊断是
A. 神经根型颈椎病
B. 肩周炎
C. 颈椎滑脱
D. 颈椎间盘突出症
E. 颈椎管狭窄症

6. 查体中最有意义的体征是
A. 颈部压痛
B. 上肢牵拉试验阳性
C. 颈椎活动受限
D. 上肢感觉异常
E. 下肢感觉异常

7. 最有意义的影像学检查是
A. 张口位片
B. 颈椎正位片
C. 颈椎三位片
D. 颈椎过伸位片
E. 颈椎侧位片

8. 首选的治疗是
A. 口服非甾体类药
B. 痛点注射
C. 手术
D. 颈椎牵引
E. 理疗

(9~11 题共用题干)
坐位乘车时，急刹车，左膝前方受到撞击，出现左髋剧痛，髋关节运动障碍，处于屈曲、内收、内旋畸形状态。

9. 应诊断为
   A. 股骨颈骨折
   B. 股骨转子间骨折
   C. 股骨干骨折
   D. 髋关节后脱位
   E. 髋关节前脱位
10. 可能出现哪种合并损伤
   A. 坐骨神经损伤
   B. 股神经损伤
   C. 闭孔神经损伤
   D. 腓神经损伤
   E. 胫神经损伤
11. 应选择哪种治疗方法
   A. Hippocrates 法
   B. Kocher 法
   C. Allis 法
   D. 骨牵引
   E. 石膏固定

(12~14 题共用题干)
男，34 岁。劳动中右小腿被重物砸伤，伤后右小腿肿痛来院。检查见右小腿高度肿胀，并有异常活动，患侧足感觉减退。

12. 为明确诊断首先的检查应该是
   A. 肌电图
   B. X 线检查
   C. CT
   D. MRI
   E. 神经查体
13. 如果该患者小腿高度肿胀，皮温低，足背动脉消失，足部感觉消失，其可能的并发症是
   A. 血栓栓塞
   B. 血管神经损伤
   C. 软组织损伤
   D. 局部感染
   E. 骨筋膜室综合征
14. 如果足背动脉搏动消失，足部冰冷，最积极的治疗方法是
   A. 用溶栓及扩血管药物
   B. 热敷
   C. 切开深筋膜
   D. 消炎治疗
   E. 患肢抬高

四、案例分析题

每个案例至少有 2 个提问，每个提问有多个备选答案，其中正确答案有 1 个或几个。(每选择一个正确答案得 1 分，每选择错一个答案扣 1 分，直至本题扣至 0 分，共 15~20 分)

(1~6 题共用题干)
患者男，24 岁。机器砸伤致左手流血、活动受限，大拇指离断 1 小时入院。急诊检查发现：手背肿胀明显，大拇指离断，左手掌侧可见一长约 6cm 的伤口，伤口活动性出血，深达皮下，环指、小指掌指关节呈屈曲位。

1. 应考虑的诊断是
   A. 左大拇指离断伤，环指、小指指深屈肌腱断裂
   B. 左大拇指离断伤，环指、小指指浅屈肌腱断裂、指伸肌腱断裂
   C. 左大拇指离断伤，环指、小指指浅、指深屈肌腱断裂
   D. 左大拇指离断伤，环指、小指指伸肌腱断裂
   E. 左大拇指离断伤，环指、小指指伸、指屈肌腱断裂
   F. 掌骨骨折
   G. 桡动脉断裂
2. 离断指体的保存方式是
   A. 置于冰盐水中
   B. 置于消毒碘伏中
   C. 置于常温生理盐水中
   D. 用干燥敷料包裹即可
   E. 用湿敷料包裹，置于放置冰袋的低温

冷藏箱中保存
F. 用敷料包裹，置于消毒酒精中保存
G. 用敷料包裹，置于消毒碘伏中保存

3. 应首选的处理方式
A. 冲洗伤口，缝合皮肤
B. 单纯清创，延迟缝合伤口
C. 清创，探查，一期缝合肌腱，包扎
D. 清创，探查，一期缝合肌腱，石膏固定
E. 清创，探查，包扎
F. 冲洗伤口，包扎止血

4. 对于该患者，急诊手术前首选的辅助检查是
A. X线检查
B. 心电图检查
C. B超检查
D. 肌电图检查
E. MRI
F. CT三维重建

5. X线检查结果提示左第3、4掌骨骨折，移位明显，左拇指骨中段缺如，拟急诊行手术治疗，则比较合理的手术顺序应该是
A. 清创术+骨折内固定术+肌腱探查吻合修复术+断指再植术+手筋膜间隙切开减压术
B. 清创术+肌腱探查吻合修复术+骨折内固定术+断指再植术+手筋膜间隙切开减压术
C. 清创术+肌腱探查吻合修复术+断指再植术+骨折内固定术+手筋膜间隙切开减压术
D. 清创术+断指再植术+骨折内固定术+肌腱探查吻合修复术+手筋膜间隙切开减压术
E. 清创术+手筋膜间隙切开减压术+肌腱探查吻合修复术+骨折内固定术+断指再植术
F. 清创术+肌腱探查吻合修复术+手筋膜间隙切开减压术+骨折内固定术+断指再植术
G. 清创术+断指再植术+肌腱探查吻合修复术+手筋膜间隙切开减压术+骨折内固定术

6. 该手术可能出现的并发症包括
A. 伤口感染
B. 异物残留
C. 肌腱再断裂
D. 正中神经损伤
E. “爪形手”畸形
F. 骨折再移位

(7～9题共用题干)

女性，患者，40岁，左大腿下部肿胀、疼痛3个月。查体：T 36.7℃，P 80次/分；左膝关节上方肿胀，触痛（+），质硬、固定，叩击痛（+）。

7. 根据以上资料患者有可能拟诊断哪些疾病
A. 左股骨下段骨巨细胞瘤
B. 左股骨下段骨肉瘤
C. 左股骨下段骨纤维结构不良
D. 左股骨下端骨软骨瘤
E. 左股骨下端皮质旁骨肉瘤

8. 为了明确诊断，还需进行哪些检查
A. 左股骨（含膝关节）正侧位X线片
B. 左大腿MRI检查
C. 左大腿CT检查
D. 局部穿刺活检
E. 胸部X线
F. 腹部B超

9. 提示穿刺活检病理报告为“骨巨细胞瘤”，该患者哪种方案较适合
A. 局部瘤体摘除+灭活+植骨
B. 局部瘤体摘除+灭活+骨水泥填充
C. 瘤体节段切除+瘤体灭活重新植入
D. 瘤体节段切除+同种异体骨+自体吻合血管的携带监测皮岛的腓骨移植
E. 瘤体节段切除+吻合血管双腓骨移植

骨外科副主任/主任医师职称考试冲刺押题试卷

模拟试卷十二

辽宁科学技术出版社
LIAONING SCIENCE AND TECHNOLOGY PUBLISHING HOUSE

一、单选题

以下每道考题有5个备选答案，请选择1个最佳答案。(每题1分，共35分)

1. 胫骨骨折常出现开放性骨折和粉碎性骨折，其主要原因是
   A. 局部软组织少且暴力多是直接的
   B. 胫骨的血液供应较差
   C. 暴力间接地通过腓骨传导
   D. 因腓骨细小及缺乏对腓骨的支持
   E. 胫骨在解剖上多有变异

2. 脊柱骨折患者在搬运过程中，最正确的体位是
   A. 侧卧位
   B. 仰卧屈曲位
   C. 仰卧过伸位
   D. 俯卧过伸位
   E. 端座位

3. 判断脊柱骨折脱位是否并发脊髓损伤，下列哪项检查最重要
   A. X线片
   B. CT
   C. MRI
   D. 神经系统检查
   E. 体感诱发电位检查

4. 关于脊柱外伤与脊髓损伤的关系的叙述，下列哪项是错误的
   A. 脊髓损伤节段与椎骨受伤平面不一致
   B. 胸椎较固定，所以胸椎骨脱位仅造成轻微的脊髓损伤
   C. 有的病例表现为明显脊髓损伤，但X线片却无骨折脱位
   D. 屈曲型骨折脱位造成骨髓损伤最多见
   E. 椎管狭窄患者，脊柱创伤更易发生脊髓损伤

5. 骨盆骨折最危险的并发症是
   A. 盆腔内出血
   B. 膀胱破裂
   C. 血气胸
   D. 骶丛神经损伤
   E. 直肠损伤

6. 骨盆环由下列哪些结构构成
   A. 髂骨与耻坐骨
   B. 耻坐骨与骶尾骨
   C. 髋骨与骶尾骨
   D. 髋骨与耻坐骨
   E. 耻、坐骨与骶骨

7. 颈椎椎体粉碎性骨折一般多见于
   A. C_1、C_2
   B. C_3、C_4
   C. C_5、C_6
   D. C_1、C_2、C_3
   E. C_1、C_2、C_3、C_4

8. 男性，19岁。大腿中下1/3被砸伤，局部肿胀，疼痛。按顺序进行检查，首先应该发现的是
   A. 有无畸形
   B. 是否扪及足背搏动
   C. 有无环形的压痛
   D. 检查有无骨摩擦音
   E. 检查有无异常活动

9. 脊髓损伤后，跟腱反射消失，膝腱反射正常，可能为脊髓的哪一段损伤
   A. S_3以下
   B. S_2以下
   C. L_5以下
   D. L_2以下

E. T_{12}以下

10. 关于骨折的急救，哪项不正确
A. 首先抢救生命
B. 创口包扎
C. 妥善固定
D. 凡有骨折可疑的患者，均应按骨折处理
E. 到医院首先要拍 X 线片以了解骨折情况

11. 下述关节脱位的特有体征，哪项是正确的
A. 肿胀，畸形，关节空虚
B. 压痛，肿胀，畸形
C. 畸形，反常活动，关节空虚
D. 畸形，反常活动，弹性固定
E. 畸形，弹性固定，关节空虚

12. 桡骨小头半脱位常见发生年龄及常用处理方法是
A. 5～12 岁小儿，手法复位，三角巾悬吊
B. 6～10 岁小儿，手法复位，石膏外固定
C. 10 岁儿童，切开复位内固定
D. 5 岁以下幼儿，手法复位，三角巾悬吊
E. 成年人，切开复位内固定

13. 胸腰段粉碎压缩骨折伴有神经症状，脊髓损伤的平面在
A. 胸段脊髓
B. 胸腰段脊髓
C. 腰段脊髓
D. 腰骶段脊髓
E. 骶段脊髓

14. 女性，21 岁。颈椎高位骨折脱位，并出现严重呼吸困难。当前，首先应采取的紧急处理措施是
A. 卧床制动
B. 吸氧
C. 气管切开
D. 手术切开复位
E. MRI 检查明确损伤位置和程度

15. 肩关节脱位最多见的类型是
A. 前脱位
B. 后脱位
C. 下脱位
D. 盂下脱位
E. 中心型脱位

16. 髋关节后脱位复位以下列哪种方法最常用、最简便、最安全
A. Bigelow 法
B. Stimson 法
C. Allis 法
D. 石膏固定
E. 切开复位

17. 单纯指深屈肌腱断裂后，临床可发生
A. 手指过伸畸形
B. 手指出现锤状指
C. 手指的伸展功能丧失
D. 手指屈曲功能丧失
E. 手指远位指间关节屈曲功能丧失

18. 有关中央脊髓损伤综合征的特点，以下不正确的是
A. 损伤多由颈椎过屈性损伤造成
B. 颈椎损伤时引起的根动脉及脊前动脉受阻，可加重该损伤
C. 上下肢瘫痪严重程度不一，上肢重于下肢，或一侧上肢瘫痪，或双下肢瘫痪
D. 手功能障碍多明显，手内在肌萎缩
E. 损伤平面以下可有触觉及深感觉障碍

19. 右手环指远端缺损骨外露，下列哪种方法不适采用
A. 缩短指骨，缝合皮肤
B. 中厚皮片植皮
C. 带蒂皮瓣移植
D. 推进皮瓣移植
E. 鱼际皮瓣转移

20. 关于手部皮肤切割伤的处理，下列哪项不正确
A. 清创术，应在伤后 6 ~ 8 小时内进行
B. 最好在止血带下进行清创
C. 皮缘不应切除
D. 创口应力争一期闭合
E. 伤后超过 24 小时，可行二期处理

21. 引起骨折移位最根本而持续存在的原因是
A. 引起骨折的暴力
B. 骨折肢体近侧段或远侧段的重量
C. 检查和治疗的方法不当
D. 肌肉收缩牵拉力
E. 搬动和运送时伤肢被牵拉或推动

22. 28 岁男性，因车祸致开放性胫腓骨骨折，4 小时后入院，予急诊手术。手术的重点在于
A. 胫腓骨折的复位和内固定
B. 胫骨骨折的复位和内固定
C. 腓骨骨折的复位和内固定
D. 彻底清创，确保伤口一期愈合
E. 恢复解剖复位

23. 关于断肢再植的原则，下列哪项是错误的
A. 首先进行彻底的清创
B. 可将骨骼短缩
C. 肌腱常做二期愈合
D. 一般先吻合静脉，后吻合动脉
E. 神经应一期修复

24. 以下不属于尺神经损伤表现的是
A. Froment 征
B. 手指内收、外展障碍
C. 手部尺侧半和尺侧一个半手指感觉障碍
D. 小指爪形手畸形
E. 腕下垂

25. 腓总神经易损伤的部位是
A. 腘部及腓骨小头
B. 股骨髁上
C. 踝关节
D. 股骨中段
E. 膝关节

26. 下列哪种骨折容易并发血管损伤
A. 胫骨干骨折
B. 肱骨髁上骨折
C. 尺骨干骨折
D. 桡骨远端骨折
E. 股骨颈骨折

27. 股骨颈骨折与股骨转子间骨折在临床表现中主要的鉴别依据是
A. 大转子上移的程度不同
B. 外旋畸形程度的不同
C. 患肢活动受限程度的不同
D. 骨折移位程度的不同
E. 好发年龄的不同

28. 腰椎间盘突出症下肢放射痛最常见于
A. 坐骨神经分布区
B. 闭孔神经分布区
C. 阴部神经分布区
D. 股神经分布区
E. 腓总神经分布区

29. 腰椎间盘突出症，感觉减退出现在外踝部及足背外侧，踝反射减弱或消失。最常受压迫的神经根是

A. 腰 2 神经根
B. 腰 4 神经根
C. 腰 5 神经根
D. 骶 1 神经根
E. 骶 2 神经根

30. 腰椎间盘突出症与腰椎管内肿瘤最有鉴别意义的辅助检查是
A. X 线片
B. CT
C. MRI
D. 肌电图
E. 肿瘤系列

31. 椎动脉型颈椎病最突出的症状是
A. 吞咽困难
B. 猝倒
C. 头痛、眩晕
D. 视物不清
E. 耳鸣、耳聋

32. 神经根型颈椎病的手术指征是
A. 颈痛伴上肢麻木
B. 视物不清
C. 颈肩痛较重，手握力减退
D. 反复发作，症状严重，长期保守疗法无效
E. X 线片有骨棘生成，椎间隙狭窄

33. 在股骨颈骨折的治疗过程中，下列哪项是不正确的
A. 无明显移位的外展"嵌插"型骨折，可用持续皮牵引 6 ~ 8 周
B. 内收骨折或有移位的股骨颈骨折，可先牵引，7 ~ 12 日内进行内固定
C. 65 岁以上病人头下型股骨颈骨折可做人工股骨头置换术
D. 儿童和青壮年的股骨颈骨折尽量不行手术治疗
E. 陈旧性股骨颈骨折不愈合者可行转子间截骨术

34. 下列哪项不是狭窄性腱鞘炎的体征
A. 弹响指
B. 弹响拇
C. 扳机指
D. 杵状指
E. 握拳尺偏试验阳性

35. 治疗髌骨软骨软化症，下列哪项措施应慎用
A. 制动休息
B. 理疗
C. 口服氨糖美辛
D. 关节内注射激素
E. 股四头肌运动练习

二、多选题

以下每道考题有 5 个备选答案，每题至少有 2 个正确答案。(每题 2 分，多选、少选均不得分，共 30 分)

1. 下列哪些是骨折的治疗原则
A. 复位
B. 固定
C. 功能锻炼
D. 适当的药物治疗
E. 药物治疗加功能锻炼

2. 不符合动脉瘤样骨囊肿的特点的是
A. 孤立性、膨胀性、出血性、多房性囊肿
B. 多见于青少年，发展迅速，疼痛和囊肿逐步加剧
C. 病损以溶骨为主，呈偏位性、多囊性膨胀
D. 动脉瘤性骨囊肿内细胞可能是恶性
E. 治疗以手术为主，辅以放射治疗

3. 以下哪些不是测定股骨大转子上移的标志
A. Nelaton 线
B. Bryant 三角

C. Shoemaker 征
D. Thomas 征
E. Gaenslen 征

4. 肱骨外上髁炎的临床表现有
A. 肘关节活动不受限
B. 肘关节外侧疼痛，可向前臂外侧放射
C. 局部肿胀
D. 有敏感的压痛点
E. 疼痛可牵涉到前臂屈肌中上部

5. 下列哪些会导致前臂 Volkmann 缺血性肌挛缩
A. 肱骨髁上骨折伴移位
B. 前臂挤压伤
C. 肘关节脱位
D. 前臂骨折小夹板固定
E. Colles 骨折

6. 符合绒毛结节性滑膜炎的常见临床表现是
A. 关节内有黄色渗液，含有大量胆固醇或血液
B. 关节周围轻微疼痛和慢性肿胀
C. 好发年龄为 20 ~ 40 岁。
D. 组成的细胞为充满脂肪的组织细胞和巨细胞
E. 手术切除后极少复发

7. 适合 8 岁以上儿童先天性髋脱位的治疗方法为
A. Salter 截骨术
B. Chiari 截骨术
C. 三联骨盆截骨
D. Steel 截骨术
E. 原位加盖手术

8. 化脓性关节炎早期哪几项具有诊断意义
A. 全身和局部炎症表现
B. 关节各方面压痛
C. 血常规
D. X 线片关节间隙变窄
E. MRI 检查

9. 判断骨关节结核治愈的标准为
A. 起床活动 3 个月后无复发表现
B. CT 显示脓肿消失，死骨已被吸收，病灶轮廓清晰或关节已融合
C. 局部无明显症状，无脓肿或窦道
D. 结核菌素试验阴性
E. 全身情况良好，体温正常，食欲好，红细胞沉降率正常

10. 腰椎间盘突出症的原因有哪些
A. 椎间盘变性
B. 纤维环破裂
C. 髓核突出刺激或压迫神经根
D. 以 $L_{4\sim5}$、$L_5 \sim S_1$ 间隙发病最高，约占 50%
E. 遗传因素是最常见病因

11. 确诊早期骨、关节结核的可靠依据为
A. 临床表现及红细胞沉降率
B. MIR
C. X 线摄片
D. 豚鼠接种试验
E. 关节液抗酸杆菌检查

12. 关于梨状肌综合征的临床表现，正确的是
A. 股神经痛为主要表现
B. 患肢肌力下降较明显
C. 疼痛可向大腿后方和小腿放射
D. 可有疼痛性跛行
E. 可有小腿肌萎缩

13. 骨折病的表现为
A. 关节肿胀僵硬
B. 软组织萎缩
C. 局部骨折疏松
D. 骨折畸形愈合

E. 功能障碍

14. 1岁以内的幼儿先天性马蹄内翻足的治疗方法为
A. 足部截骨矫形术
B. 三关节固定术
C. 手法按摩矫正固定
D. 可采用软组织松解术
E. 肌腱移位术

15. 下列哪几项是半月板损伤必需的因素
A. 膝半屈
B. 膝内收或外展
C. 膝受挤压
D. 膝过屈
E. 膝过伸

三、共用题干题

以下每道考题有2~6个提问，每个提问有5个备选答案，请选择1个最佳答案。（每题1分，共20分）

（1~3题共用题干）

患者女，21岁。车祸致右大腿肿痛、畸形半天入院。查体：不能站立，右大腿肿痛、畸形。

1. 最安全迅速、无痛，还可判断有无骨折的检查方法是
A. 移动式小型X线机检查
B. 神经查体
C. 检查有否异常活动
D. 是否有纵向叩痛
E. 听诊

2. 右股骨骨折常见出血量约为
A. 200ml
B. 400ml
C. 500~1000ml
D. 2000ml
E. 大于3000ml

3. 如需进一步明确右大腿骨折伤情，首选的检查是
A. 右股骨正侧位X线检查
B. 右下肢CT
C. 右下肢核磁共振
D. 右下肢血管造影
E. 神经查体

（4~5题共用题干）

男性，62岁。腰痛伴下肢行走无力4年，加重15天。患者行走300m，即感双下肢无力，下蹲或卧床后减轻。体格检查：腰部曲度变直，双下肢皮肤痛觉无减退，双下肢肌力无异常，双膝、踝反射（++），左直腿抬高试验（-）。

4. 为进一步确诊，下列检查不需要的是
A. 腰椎X线正侧位片
B. 腰椎CT
C. 结核菌素试验
D. 腰椎MRI
E. 肌电图检查

5. 该患者最可能的诊断是
A. 腰椎肿瘤
B. 腰椎管狭窄症
C. 腰椎间盘突出症
D. 腰椎峡部裂
E. 腰椎结核

（6~7题共用题干）

男，18岁，学生。右膝关节持续性疼痛3个月。活动后疼痛加重，夜间痛较白天明显。体格检查：左股骨远端皮温增高，静脉怒张。可触及一4cm×4cm×5cm大小包块，质硬，边界不清，活动度小。X线显示股骨远端溶骨性改变。

6. 该患者最可能的诊断是
A. 骨巨细胞瘤
B. 骨软骨瘤
C. 骨髓炎
D. 骨肉瘤
E. 尤文肉瘤

7. 对于治疗方案，说法正确的是
A. 截肢

B. 大剂量应用抗生素
C. 切除包块
D. 化疗加手术治疗
E. 放疗加化疗

(8～10题共用题干)
患者，青年男性，因腕部割伤1小时入院。入院时血压88/46mmHg，左腕掌侧有一长约5cm横形创口并流血。

8. 该患者经止血、补液治疗后，血压上升至108/86mmHg。查体发现左手示指、中指感觉麻木，拇指、示指及中指屈曲障碍，最可能的诊断是
A. 尺神经损伤
B. 正中神经损伤
C. 桡神经损伤
D. 指屈肌腱断裂
E. 腕骨骨折
9. 本例患者损伤后易出现的后遗症是
A. 垂腕畸形
B. 杵状指
C. 全手无汗
D. 爪形手
E. 猿形手
10. 如上述后遗症出现，再次手术时最应注意的是
A. 预防感染
B. 松解粘连
C. 转移肌腱代替屈指功能
D. 转移神经修复功能
E. 重建拇指对掌功能

(11～13题共用题干)
男，62岁。晨练时不慎跌入2米深的沟中，双下肢不能活动，伤后1小时来诊。MRI显示胸12椎体爆裂骨折，骨块突入椎管3/4。

11. 此时最佳的处置是
A. 积极做术前准备
B. 镇痛
C. 大剂量甲泼尼龙
D. 推拿
E. 针灸
12. 术中最主要解决的是
A. 解除脊髓压迫
B. 探查脊髓损伤程度
C. 预防感染
D. 恢复脊柱稳定性
E. 骨折复位
13. 术后治疗的重点是
A. 功能锻炼
B. 神经营养药物
C. 高压氧
D. 康复治疗
E. 并发症的防治

(14～15题共用题干)
患者高处坠落，颈部疼痛活动受限，双上肢活动可，双下肢关节活动不能。患者双下肢检查关节活动不能，可触及肌肉收缩，此时下肢肌力为1级。

14. 如需明确颈部伤情，以下首选的检查是
A. 颈部X线片
B. 颈椎CT
C. 颈椎核磁共振
D. 脑脊液穿刺
E. 头颅CT
15. 最能准确地确定脊髓损伤平面的检查为
A. 超声
B. 肢体的运动
C. 肢体的温度
D. 磁共振检查
E. X线平片

四、案例分析题

每个案例至少有2个提问，每个提问有多个备选答案，其中正确答案有1个或几个。(每选择一个正确答案得1分，每选择错一个答案扣1分，直至本题扣至0分，共15～20分)

(1～4题共用题干)
患者女，48岁。因腰背部疼痛来院就诊，8

年前因肺结核行抗结核治疗后治愈。近半年来，午后潮热，夜间盗汗症状逐渐加重，伴腰背部疼痛。门诊 X 线片提示：左下肺少量结核结节。

1. 脊柱结核最为好发的部位是
   A. 颈椎
   B. 胸椎
   C. 腰椎
   D. 骶椎
   E. 腰骶椎
   F. 尾骨
2. 骨与关节结核中，最常受累的部位是
   A. 脊柱
   B. 骶髂关节
   C. 膝关节
   D. 髋关节
   E. 腕关节
   F. 踝关节
3. 脊柱结核的手术适应证包括下列哪些
   A. 死骨、脓肿和窦道形成
   B. 结核病灶压迫脊髓出现神经症状
   C. 晚期结核引起迟发性瘫痪
   D. 抗结核药物治疗有效
   E. 脊柱结核造成脊柱明显不稳
   F. 反复发作致窦道形成
4. 脊柱结核并发截瘫早期压迫脊髓的病变包括
   A. 结核性脓肿
   B. 干酪样坏死物质
   C. 后纵韧带
   D. 坏死的椎间盘
   E. 塌陷的骨质
   F. 前纵韧带

(5～8 题共用题干)

患者男，19 岁。因右侧股部远端疼痛并发现肿块 5 个月就诊。查体：右侧股部远端肿胀，皮肤不发红，无浅表静脉曲张，皮肤温度较健侧高；膝上内侧可扪及肿块，质硬，压痛（+），固定；膝关节肿胀，浮髌试验（+），屈曲受限。X 线片示：股骨远侧干骺端溶骨和成骨混合性改变，骨质破坏，无膨胀，有 Codman 三角，股骨下端内侧可见软组织肿块影。

5. 需要做下列哪些检查
   A. 胸部 X 线片
   B. 患肢 CT 扫描
   C. 膝关节镜检查
   D. 双下肢彩超
   E. 穿刺活检
   F. 核素骨扫描
   G. 血碱性磷酸酶测定
6. 本患者最可能的初步诊断是
   A. 骨巨细胞瘤
   B. 骨肉瘤
   C. 骨软骨瘤
   D. 骨髓瘤
   E. 硬纤维瘤
   F. 尤文肉瘤
7. 对该患者应采取的最佳治疗方案是
   A. 中药调理，严格卧床
   B. 术前化疗－手术－术后化疗
   C. 化疗，若化疗效果良好，则不行手术
   D. 局部行放疗，辅以全身化疗
   E. 立即行保肢手术
   F. 放射治疗
8. 关于骨肉瘤的描述，不正确的是
   A. 好发于青少年或儿童
   B. 多见于骨骺生长最活跃的部位，如股骨远端、胫骨、腓骨和肱骨近端
   C. 常伴骨关节功能障碍
   D. 血清酸性磷酸酶可升高
   E. 典型的骨肉瘤的 X 线表现为骨组织同时具有新骨生成和骨破坏的特点
   F. 骨肉瘤来源是成骨细胞